マイクロトライボロジー入門

安藤泰久 著

米田出版

はじめに

　以前は空っぽの洞窟といわれたインターネットも、その普及が広がった結果、情報が溢れるほどになっている。特に新しい情報を調べるのには、インターネットはとても便利で、研究情報を収集したり、研究成果を発信したりするのに大いに役立っている。実は、この本を書くきっかけとなったのも、筆者が研究所で公開しているホームページで、それを見た出版者の方が、執筆を勧めてくれたのである。

　インターネットが普及する前は、研究や実験に必要な装置を調べたいときには、学術専門誌の広告をめくってみたり、科学機器の展示会にいってカタログを集めたりしていた。また、論文などを調べるときには、図書館に一日中籠もって、論文誌のページを片端からめくったりしたこともあった。それが、いつの間にか、ホームページで情報を検索することで、必要な情報が簡単に手に入るようになってきた。検索のときに、キーワードの組合せを上手に選べば、効率よく必要な情報を得ることができる。その逆に、必要な情報にたどり着けないときには、検索のキーワードが悪いだけで、キーワードさえうまく設定すれば、情報には必ずたどり着けるはずであると思うほどである。

　ともすると、コンピュータの向こうには、自然科学を含めてすべての情報が眠っていて、ただ自分はそれを知らないだけではないかという感覚に陥ることすらある。それらの情報の中には、自分にとって全く無関係で、将来にわたって役に立たないものも多いであろう。しかし、今直面している問題を解決するための重要なヒントが、どこかの本やホームページの中にあるかもしれない。それどころか、自分が目を通したことがある本やホームページの中にそのヒントがあって、既に知っているのに、それと解決すべき問題を結びつけられないだけなのかもしれない。

　孔子のことばに「学んで思わざるは暗し、思いて学ばざるは即ち危うし」

とあるように、いくら広い知識を有していても、現実の問題にそれらの知識を適用できるかどうかは、その理解の深さに関わっている。理解する前には役に立つかどうかわからず、問題を解決する上で無関係に見えた知識でも、それを深く知ることで実際の問題と関連性が見えてくることもある。また、単独では役に立たなかった知識でも、それらを組み合わせることで役立つこともある。結局のところいかに多くの蔵書があっても、情報を検索する高いスキルを有していても、それだけで現実の問題に対応できるものではない。問題を解決するのに必要なのは、有機的に結びついた深い知識である。

　ところで、1966年に摩擦、摩耗、潤滑などの問題に対して、総合的に取り組む必要性が強調され、相対運動する表面に関する科学と技術を意味するトライボロジーということばが生まれた。それから多くの年月が経過し、その間に多方面から研究がなされ、数多くの専門書がまとめられている。また、近年は二酸化炭素排出削減のために、機械のエネルギー消費効率の改善が特に必要とされている。摩擦による損失が、機械の効率低下の大きな要因になっているので、トライボロジーの研究や技術を発展させることの重要性が再認識されている。しかし、トライボロジーには科学的にも技術的にも未解決の問題が数多く残されている。

　トライボロジーを研究する上での難しさは、問題を理解して解決するために、物理、化学、材料、力学、など広い分野にわたる知識を利用しなければならない点にある。各分野の知識の関係を整理していくときに、トライボロジーを柱にすることで、それぞれの知識を有機的に結びつけて、役立たせていくことができる。このとき重要なのは、トライボロジーには、ゴールとなるような完全な正解がないことである。限られた知識では完結したように見えても、知識を広げ検討をさらに深めていけば、完結したように見えた結論を組み立て直さなければならなくなる。したがって、現時点の自分の考えに固執することなく、柔軟に考えを変えていくことが必要である。

　問題を解決するために、試行錯誤を繰り返し、迷いながら自分自身で見つけた知識やその知識を得るための経験は、深く記憶に刻まれる。そのような知識や経験は、一見無関係な問題を解決するときにも役に立つことがある。結局のところ、知りたいという欲求をもつこと、興味をもてる対象であるこ

とが、獲得した知識とその記憶の深さに結びついていく。本を読んで知識を身につける場合でも、単に知識を身につけようとして本を読むよりは、何かの問題に直面して、それを解決しようとして読む方が、理解が深まりやすいのはそのためである。

　本書で取り上げているマイクロトライボロジーは、ともすればバラバラになりがちだったトライボロジーに関する知識を有機的に結びつけるのに、好適なテーマである。マイクロトライボロジーが取り扱う現象は、それぞれを物理や化学の知識で説明することができるか、あるいは、あと一歩で説明できそうなところまで来ている。そのため、マイクロトライボロジーの視点で見ると、個別の問題の本質に近づくことができるようになり、それまで別々の現象のように扱われていたトライボロジー現象にも共通点が見えてくる。

　本書は、マイクロトライボロジーについて書かれているが、トライボロジーの第二の入門書でもある。マイクロトライボロジーの勉強をこれから始める人や専門家だけではなく、いろいろな分野でトライボロジーの問題に取り組んでいる人、潤滑や摩擦摩耗現象に興味をもっている人が読んでも、十分に役に立つ内容になっている。多様なバックグラウンドの人が興味をもって読み進められるように、第1章から第6章までは、つながりを重視した構成にしている。ただし、第7章はやや独立した内容になっており、研究や実験の遂行に役立つように、実務的な観点から微小な力の計測技術についてまとめてある。

　本書の内容は、共同研究者の支持や協力を得ながら、筆者が行った実験を中心に紹介している。特に、これまで研修生として機械技術研究所あるいは産業技術総合研究所に在籍し、実験を手伝って頂いた伊能二郎氏や白石直規氏をはじめとする研修生各位、北原時雄博士をはじめとした研究所の諸先輩方や同僚、研究に協力頂いた外部の共同研究者の皆様にこの場を借りてお礼申し上げます。最後に、本書の執筆の機会を与えて頂くとともに、脱稿まで忍耐強く励まして下さいました米田出版の米田忠史氏に感謝致します。

2009年5月

　　　　　　　　　　　　　　　　　　　　　　　　　　　安藤泰久

目　次

はじめに

第1章　マイクロトライボロジーの世界 …………………………………… 1
1.1　微小化が開くマイクロトライボロジーへの扉　1
(1) アリとダンゴムシ　1
(2) 紙の方がゴムより摩擦係数が高い？　5
(3) 微小化で面積と体積の比率はどう変化する？　7
1.2　マイクロトライボロジーの技術　9
(1) 磁気ディスクの高性能化のキーテクノロジー　9
(2) 走査型プローブ顕微鏡とは　11
(3) 摩擦摩耗試験にも使える AFM　12
(4) マイクロトライボロジーが立ち向かう問題　14
1.3　マイクロトライボロジーとは何か　16
(1) マイクロトライボロジーの3つの特徴　16
(2) マイクロトライボロジーで何がわかるか　18

第2章　凝着力が摩擦に与える影響 ―修正される摩擦法則― …………… 21
2.1　凝着説による摩擦の解釈とその矛盾　21
(1) 古典的な摩擦理論における凹凸説と凝着説　21
(2) 直接測定による凝着力の確認　23
(3) 摩擦の凝着説の矛盾　24
2.2　低荷重の摩擦で顕在化する凝着力　26
(1) 弱い凝着力の存在とその測定　26
(2) 凝着力と摩擦力を直接比較する　29
(3) 摩擦力の原因は凝着力ではない　30
(4) 摩擦力、凝着力、垂直荷重の関係　31

2.3 摩擦力から推定する凝着力　*33*
　(1) 凝着力は滑っているときにも働いている　*33*
　(2)「摩擦力 ∝ 垂直荷重＋凝着力」が意味するもの　*35*
　(3) 凝着力が引離し力に一致しない例　*36*
　(4) JKR 理論　*38*
2.4 荷重がゼロのときの摩擦力　*42*
　(1) 凝着力が変化したときの摩擦力　*42*
　(2) 凝着力が同じでも摩擦は異なる　*45*
　(3) 微小荷重下の摩擦法則　*46*

第3章　凝着力とは何か－小さな水の大きな力 ……………………… *49*

3.1 凝着力の正体　*49*
　(1) 原子の化学的な結合力　*49*
　(2) 静電気力　*50*
　(3) 凝縮した液体の表面張力　*51*
　(4) ファンデルワールス力　*53*
3.2 ラプラス圧力の作用　*54*
　(1) MEMS での問題　*54*
　(2) スティクションを発生しやすいマイクロ構造体の形状　*55*
　(3) ラプラス圧力と表面張力の比較　*58*
　(4) ラプラス圧力の計算　*59*
　(5) 凝着力の測定によるラプラス圧力の確認　*62*
3.3 凝着力はコントロールできる　*64*
　(1) 尖った突起上では凝着力は低くなる　*64*
　(2) ファンデルワールス力の検討　*66*
　(3) 水の濡れやすさが凝着力を支配する　*67*
3.4 摩擦面に作用する凝着力とその大きさ　*68*
　(1) 平面間の凝着力の測定　*68*
　(2) デザギュリエの実験との比較と摩擦の凝着説の破綻　*71*
3.5 真空中の凝着力　*73*
　(1) 湿度が下がると凝着力が増加する？　*73*
　(2) 真空中でも水は凝縮する　*76*

(3) 化学結合力の再考　77
　　　(4) 架橋を形成する水はどこからくるか　78
　　　(5) 表面の水は加熱によって消える　80

第4章　摩擦力はどこまで小さくなるか －乾燥摩擦の極限－ …………… 83
　4.1　超潤滑と超低摩擦現象　83
　　　(1) 固体接触で摩擦係数が 0.001　83
　　　(2) 超潤滑の理論　85
　　　(3) 超低摩擦が現れる条件　88
　4.2　「乾燥摩擦」でも存在する粘性抵抗　90
　　　(1) 微小荷重は低摩擦の鍵になるか　90
　　　(2) 摩擦係数の速度依存性　92
　4.3　真空中の微小荷重下での摩擦　94
　　　(1) 高真空中でも消えない水の影響　94
　　　(2) 加熱で消失する水の影響　97
　　　(3) 純粋な「乾燥」摩擦　99
　4.4　固体接触による摩擦力を切り分ける　100
　　　(1) 固体接触の摩擦は高いか低いか　100
　　　(2) 相互溶解度と摩擦係数の関係　102
　　　(3) 結晶の格子定数の差と摩擦係数の関係　103
　　　(4) 真空中の摩擦と大気中の摩擦　105

第5章　ナノトライボロジー －原子や分子の相互作用が現れるとき－ … 109
　5.1　マイクロからナノトライボロジーへ　109
　5.2　単分子膜の摩擦特性　111
　　　(1) LB膜と自己組織化膜（SAM）　111
　　　(2) 鎖状の分子が摩擦を低下させる　114
　　　(3) LB膜とSAMの比較　116
　5.3　原子的に平滑な面に作用する力　118
　　　(1) マイカへき開面の摩擦　118
　　　(2) ナノ隙間に挟まれた液体の粘度上昇　120
　　　(3) 整列する液体分子と相互作用力　121

5.4　ナノスケールの接触面積に作用する力　*123*
　(1) AFM のコンタクトモードによる原子像　*123*
　(2) 摩擦時に横向きに現れる水平力　*125*
　(3) 単一原子に作用する摩擦力　*128*
5.5　ナノからマクロへ　*131*

第6章　ミクロな視点から捉えた摩耗現象－摩耗を利用した加工と摩耗を支配する力－ ……………………………………………… *135*

6.1　AFM を用いた摩耗試験方法　*135*
　(1) 摩耗試験機として AFM を利用する　*135*
　(2) 摩耗試験におけるカンチレバーの選択　*137*
　(3) 特殊なカンチレバーを用いた摩耗試験　*139*
6.2　AFM を用いた微細加工　*141*
　(1) ベクタースキャンによる加工　*141*
　(2) 面走査による平滑加工　*142*
　(3) 面走査による任意形状の加工　*144*
6.3　ミクロな領域の摩耗形態　*146*
　(1) 平面で摩擦して突起を摩耗させる　*146*
　(2) 形状から摩耗量を計算する　*149*
　(3) 表面粗さの突起が摩耗を引き起こす　*151*
6.4　摩耗と摩擦力の複雑な関係　*153*
　(1) 周期的突起配列による摩耗試験　*153*
　(2) 摩擦係数から摩耗形態を推定する　*155*
　(3) マイクロアブレッシブ摩耗の摩擦係数　*157*
　(4) 凝着摩耗とアブレッシブ摩耗は背反する概念か　*159*
6.5　原子間相互作用で考える摩耗　*160*
　(1) 斥力が支配する摩擦と摩耗　*160*
　(2) 斥力が凝着摩耗に与える影響　*162*
　(3) 摩耗を決めるのは引力か斥力か　*163*

第7章 微小な摩擦力を測る技術―高感度な力測定を目指して― ……… 165

7.1 力の検出方法の比較　*165*
　(1) 傾斜法の利点と限界　*165*
　(2) 弾性変形を利用した動摩擦力測定のすすめ　*166*
　(3) 微小力の検出に適した力検出法　*167*
　(4) 板ばねの角度変化を利用した力の検出　*168*

7.2 原子間力顕微鏡（AFM）の活用　*169*
　(1) AFM の原理　*169*
　(2) AFM による摩擦力の測定　*170*
　(3) 力の絶対値への換算　*173*
　(4) AFM で測定した摩擦係数は信頼できる　*175*
　(5) 傾斜面を利用した水平力の校正方法　*176*
　(6) 多様なカンチレバーとプローブ　*178*

7.3 多様なマイクロトライボロジー測定装置　*180*
　(1) 表面間力測定装置　*180*
　(2) MEMS を用いた摩擦力測定　*181*
　(3) マイクロ水平力センサ　*183*

7.4 自分で設計するマイクロトライボロジーテスター　*186*
　(1) 板ばねを用いた摩擦係数の測定　*186*
　(2) 板ばねの形状と固有振動数の関係　*187*
　(3) 高感度な検出方法の選定　*188*
　(4) 平行板ばねの利用　*190*
　(5) 板ばねの校正とばね定数の線形性　*192*
　(6) 振動の絶縁　*193*
　(7) 失敗に学ぶ高感度計測の鍵　*195*

参考文献　*199*

おわりに　*205*

事項索引　*207*

第1章

マイクロトライボロジーの世界

1.1 微小化が開くマイクロトライボロジーへの扉

(1) アリとダンゴムシ

　札幌の中学校で、トライボロジーの出前授業に同席する機会があった。そのとき、講師を務めた東北大学の先生が、摩擦をどんなときに感じるか生徒に質問した。生徒の答えからは、「廊下で滑ったとき」など、摩擦が低いときに摩擦を意識している様子がうかがわれた。坂道を登るとき、コップをもつとき、ドアのノブを回すとき、身の回りにはいつも摩擦が存在している。しかし、滑ったときという答えが多かったのは、私たちの周りの摩擦は、日常の生活に都合よく、私たちが意図したとおりに働いているからである。手で物をもつときや道を歩くとき、手と物の間や靴と道の間の摩擦係数は、それぞれ高すぎず低すぎず、適当な値になっている。油や洗剤がコップについていたり、道路が凍っていたり、床が濡れていたりすると、いつもと違う摩擦係数であるために、かえって摩擦を意識するのである。

　裏を返せば、日常の生活の中で見られる摩擦係数の大きさはおおよそ決まっていて（0.2～1 程度だろうか）、誰もが、同じ動作をするときには同じような摩擦力を感じているのである。例えば、紙パックの牛乳やペットボトルのジュースなどをもつときに、手指の摩擦係数の極端に低い人がいれば、滑らせまいと強く力をかけないといけないので、それらの容器はつぶれてしまうことになる。

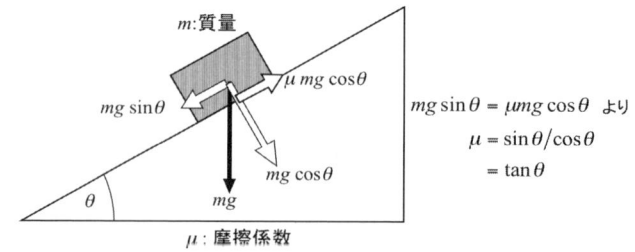

図 1.1　斜面上の物体に作用する重力と摩擦力の釣り合い

ところで、子供のころに、公園で友達と一緒に滑り台などの斜面を登ろうとした経験はないだろうか。履いている靴の種類によって、登りやすさは変わるだろうが、30°くらいの角度であれば誰でも登りきれたと思う。ときには 45°よりも急な斜面に登ろうとしたこともあるかもしれない。このようなときは一所懸命に頑張っても、誰もが登るのが難しかっただろう。斜面の角度を θ とすると、摩擦係数 μ は $\tan\theta$ で与えられるので、靴と斜面の間の摩擦係数は 0.6〜1 くらいの範囲にあったことになる（図 1.1）。

ここで少し話を変えて、小さな昆虫の代表として、アリについて考えてみたい。アリもヒトと同じような摩擦力を感じているのだろうか。アリを観察していると、草や木の幹など、ヒトにはとても無理だと思われるような垂直な壁の上でも涼しい？顔をして歩いている。木や草などの表面は、ザラザラしていたり、細かい繊維がついていたり、小さな穴が開いていると思われる。そのような壁であれば、アリの足先には鋭い爪があるので、その爪を引っかけて歩くことができる。では、ガラスなど硬くてツルツルした表面ではどうだろうか。ザラザラした木の幹と同様に、垂直になったガラスの上も歩けるのだろうか。

そこで、アリを「滑り台」の上に置いて、何度まで滑らずに耐えることができるかを試して見た。ここでは、ガラスの代わりにシリコンウェーハを滑り台として用いた。シリコンウェーハの表面は滑らかに研磨されていて、粗さが極端に小さく、当然のことながらアリの爪が引っかかるような突起も穴もない（図 1.2）。もちろん、シリコンはアリの爪よりも硬いため、爪を突き

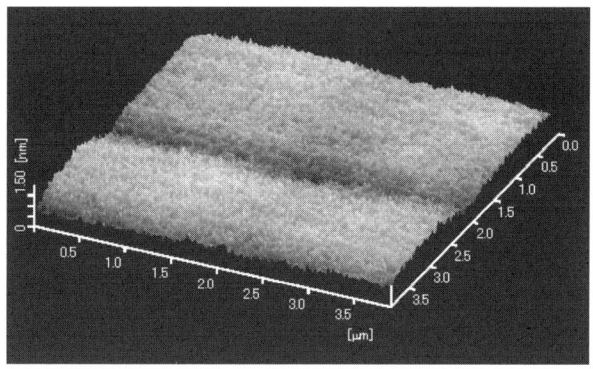

図 1.2 シリコンウェーハ表面を拡大すると、中央に深さ 0.5 nm 程度の窪みが見える程度で、表面は極めて平滑になっている（細かな凸凹はノイズによるもの）。

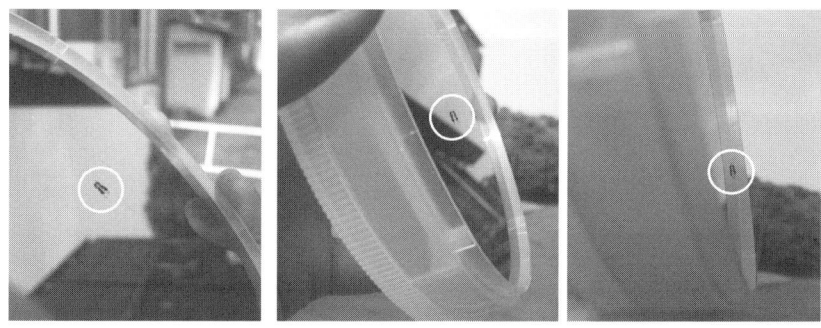

図 1.3 アリをシリコンウェーハ上に乗せて、ウェーハを傾けていくと、80°くらいの角度になってもアリは滑り落ちずに歩き回ることができる。

刺すことも無理である。図 1.3 は、シリコンウェーハの上にアリを置いて、シリコンウェーハを徐々に傾けていったときの様子を示している。図 1.4 のように、シリコンウェーハが垂直になっても、(図 1.3 のアリとは別の種類だが)アリは滑ることなく、平気で歩き回っていた。このときの角度から、アリの足とシリコンウェーハの間の摩擦係数を計算しようとすると、tan90°なので無限大ということになる。

図 1.4 シリコンウェーハが垂直になってもアリは滑り落ちない。

図 1.5 シリコンウェーハにダンゴムシを乗せると、40〜50°程度傾けたところで、ダンゴムシは滑り落ちてしまった。

　実はアリを探しに外に出たときに、アリがなかなか見つからずに、最初にダンゴムシを見つけた。そこで、とりあえずダンゴムシをシリコンウェーハの上に乗せて傾けてみた。その様子を図 1.5 に示す。ダンゴムシにとってはこの角度が限界だったようで、これよりも少し傾けたところで、滑り落ちてしまった。その後 2〜3 回試して見たが、滑り落ちる角度は、いつもおおよ

そ40〜50°くらいであった。したがって、ダンゴムシとシリコンウェーハの間の摩擦係数は、約1ということになる。

（2）紙の方がゴムより摩擦係数が高い？

アリとダンゴムシで、摩擦係数にこれほどの差が生じたのはなぜだろうか。アリとダンゴムシを比較すると、アリの方が進化した生物のように思える。アリは、シリコンウェーハのように滑らかな面を歩くのに必要な特別な足の使い方を知っていたのかもしれない。しかし、爪を引っかけることができない以上、やはり足とシリコンウェーハの間の摩擦係数が高いということになるのではないか。

摩擦が違う理由を、よくわからない進化の度合いでかたづけてしまうのは、あまり科学的とはいえない。アリとダンゴムシの違いを具体的に考えてみると、足の形、足の数、体の大きさが異なっている。筆者は、これらのうち、体の大きさ、あるいは重さが摩擦係数に大きく影響していたという仮説を立てた。それを確かめるためには、大きさの異なるムシを捕まえて、それらの摩擦係数を調べて見るのもよいのだが、ムシを使うと、大きさ以外にも足の形も変わってくるし、虫によっては、足の使い方が極端に上手なものもいるかもしれない。また、私たちの気がつかないところで、何かのトリックを使っている懸念も拭いきれない。そこで、建物の中に戻って、人工物を使って同じような実験を行ってみた。

図1.6と図1.7は、シリコンウェーハの上に紙とゴムを置いて、シリコンウェーハを傾けた様子を示している。ゴムを載せたシリコンウェーハを傾けていったとき、図1.6の角度よりも少し傾けると、ゴムは滑り落ちた。したがって、このときのゴムとシリコンウェーハの間の摩擦係数は1.5程度だったことになる。一方、紙を載せたシリコンウェーハを傾けていったときは、図1.7の角度でも紙は滑り落ちなかった。したがって、紙とシリコンウェーハの間の摩擦係数は、5以上であったことになる。このとき使ったゴムは、凸凹のついている柔らかいもので、サイズは約2cm角であった。紙は、サーマルプリンタ用紙（感熱紙）で、表面はつるつるしており、サイズは約3mm×1mmであった。

図 1.6 シリコンウェーハに柔らかいゴムを載せると、50〜60°くらいの角度になったところでゴムは滑り落ちた。

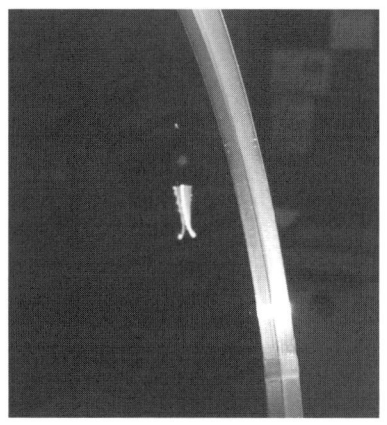

図 1.7 シリコンウェーハに小さく切った感熱紙を載せたところ、垂直近くまで傾けても滑り出さなかった。

　同じゴム、(大きく切断した) 同じ種類の紙を、同程度の力でそれぞれシリコンウェーハに指で押しつけ、そのまま滑らせようとした。ところが、紙は滑らせることができたが、ゴムは摩擦が大きいため、滑らせることが難しかった。このことは、同じ力で押しつけたときには、ゴムの方が紙よりも摩擦

が大きいことを示している。したがって、サイズや重さが摩擦に何らかの影響を与えていた可能性が高い。

(3) 微小化で面積と体積の比率はどう変化する？

小さくなると、なぜ摩擦係数が見かけ上高くなるのかを、体積と表面積の比率から考えてみる。説明を簡単にするために図 1.8 のような立方体を取り上げる。この立方体の一辺の寸法が 1/100 になったとすると、体積は寸法の 3 乗に比例するので、立方体の体積は $1/10^6$ になる。一方、表面積は寸法の 2 乗に比例するので、立方体の底面の面積は $1/10^4$ になる。したがって、サイズが小さくなるほど体積に対する表面積の比率が大きくなり、寸法が 1/100 になると体積に対する表面積の比率は 100 倍になる。

立方体に作用する重力は、立方体の体積に比例するので、サイズが小さくなると重力の影響は急激に小さくなる。それに対し、ファンデルワールス力や、表面間に液体が挟まれたときのその表面張力による引力は表面積に比例する（第 3 章参照）。その結果、サイズの減少とともに、面積に比例する力は重力を上回るようになる。

サイズが小さくなったときのもう 1 つの効果は、接触している表面の間隔が狭くなることである。金属やプラスチックなどの固体の表面には、不規則

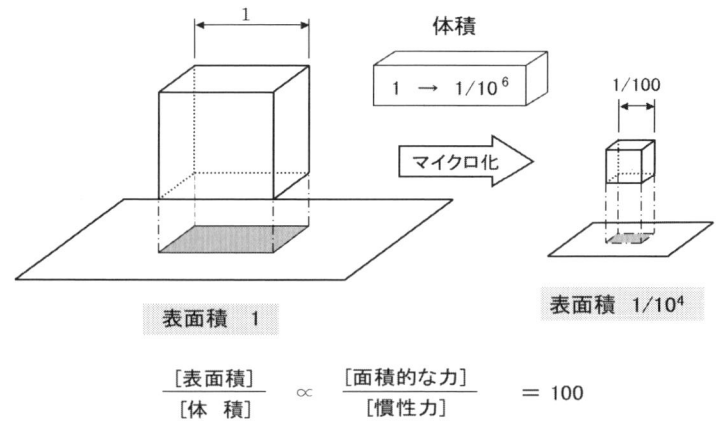

図 1.8　寸法が 1/100 になったときの体積と表面積の関係 [1]

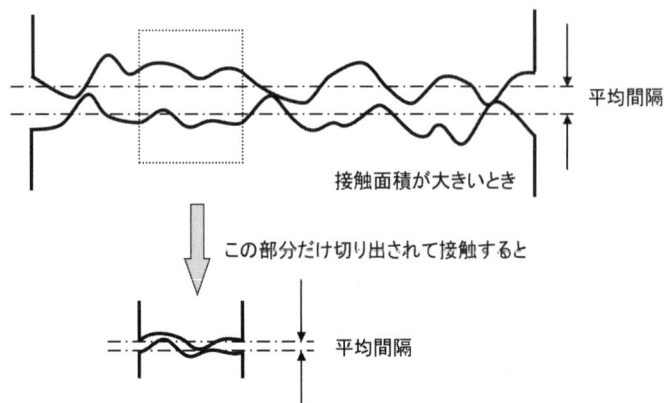

図 1.9　接触面積が小さくなると表面間の間隔も狭くなる。

な表面粗さやうねりが存在する。これらの凸部のうち、高い部分が相手面と接触して、表面の間隔を広げている。サイズが小さくなると、高い突起が表面に存在する確率が低下する。そのため、接触面のサイズが小さくなるほど、平均的な隙間は小さくなる　(図 1.9)。ファンデルワールス力や、表面間に液体が挟まれているときのその粘性抵抗は、隙間が狭くなるほど大きくなるので、寸法から計算される表面積の相対的比率の増加以上に 表面の効果は大きくなる可能性がある。

　アリがダンゴムシよりも滑りにくかったこと、小さな紙の摩擦係数がゴムよりも見かけ上高かったことの理由は、このようにサイズが小さくなったことで説明できる。すなわち、体積に対して表面の影響が相対的に大きくなったことで、定性的には、表面に作用する引力や摩擦力が重力の影響を大きく上回ったと考えることができる。このようにサイズが違うことで、摩擦の働き方が大きく変わることがマイクロトライボロジーの特徴の 1 つであるといえる。なお、表面間に作用するファンデルワールス力や水の表面張力がどの程度の大きさで、それが具体的にどのように摩擦力に影響を与えるかについては、第 2 章以降で詳しく説明する。

1.2 マイクロトライボロジーの技術

(1) 磁気ディスクの高性能化のキーテクノロジー

マイクロトライボロジーに関する研究がどのように発展し、利用されてきたかを知ることは、マイクロトライボロジーを理解するのに役立つ。ここでは、少し視点を変えて、磁気ディスクの開発を取り上げて、マイクロトライボロジーに関する研究や技術がどのように関わっているかを紹介したい。

図1.10は、磁気ディスク装置の蓋を開けた写真である。丸い円盤がプラッタと呼ばれる磁気ディスクで、ここに情報が記録される。ディスクを回転させながら、磁気ヘッドが組み込まれたスライダをスイングさせ、情報の書き込みと読み出しを行う。スライダとディスクの間には、トライボロジー的な課題が多く、また技術的にも大きな広がりをもっている。図1.11のように、スライダは空気の膜の圧力によってディスクから浮いた状態で、ヘッドが情報の読み書きをしている。トライボロジー的な説明をすると、動圧によって空気膜が形成され、空気膜による流体潤滑になっている。情報が記録される磁気記録層の上には、ヘッドがぶつかってしまったときに磁気記録層を守るための保護膜がある。さらに、潤滑剤が薄く広がっている。

図1.10　磁気ディスク装置の内部

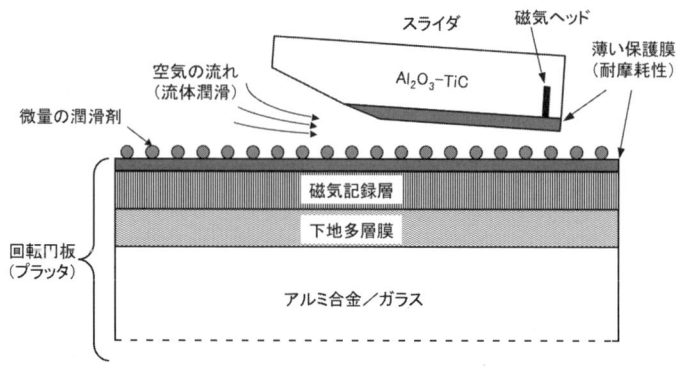

図 1.11 磁気ディスクのヘッドとディスクの間（Head Disk Interface：HDI）にはトライボロジーの課題が凝縮されている[2]。

コンピュータで扱う情報量は年々増加しており、磁気ディスク装置を大きくしたり、台数を増やしたりしないで、大量のデータを記録するためには、記録密度を高くするしかない。そのためには、空気膜、保護膜、潤滑膜をできるだけ薄くして、ヘッドと磁気記録層の距離をできるだけ短くする必要がある。まず、空気膜を薄くすることを考えると、（回転数を遅くしたり調整したりすることは許されないので）流体潤滑理論を使って、ヘッドの大きさや回転数に合わせて、最適なスライダの形状を設計することになる。このとき、空気膜の厚さが分子の平均自由行程の 64 nm に近づくと、空気を分子と捉えた解析が必要になる。次に、保護膜の厚さを薄くしようとしたときには、ナノメートルスケールの摩耗特性を評価する技術が必要となる。同様に潤滑剤についても、微小な領域における分布やディスクとの結合の状態、摩擦によって発生する化学的な変化を調べなければならない。

ここで挙げた課題は、いずれもトライボロジーに深く関係している。しかし、それまでのトライボロジーの知見や技術では、これらの問題に対応しきれなかったために、マイクロトライボロジーに関する研究の進展が必要であった。別の言い方をすれば、磁気ディスクにおける課題を解決するために、マイクロトライボロジーに関する研究が大きく発展したのである。

(2) 走査型プローブ顕微鏡とは

　磁気ディスクにおけるトライボロジーの問題を解決するときに、大きな力となったのが原子間力顕微鏡（AFM：atomic force microscope）をはじめとする走査型プローブ顕微鏡（SPM：scanning probe microscope）である。SPMを用いれば、原子スケールからナノメートルスケールで、サンプルの表面を観察することができる。SPM の中で最も早く開発されたのは、STM（scanning tunneling microscope）で、1980 年代初頭に発明され、シリコンの再構成表面の構造を明らかにしたことで注目が集まった。STM では、プローブをサンプル表面からわずかに離して、プローブと表面との間にバイアス電圧を加えて、トンネル電流を検出する。他には、SNOM（scanning near-field optics microscope）、MFM（magnetic force microscope）などの装置があり、それぞれ、近接場光、磁気力を検出している。また、AFM では、(原子間) 力を検出する。表 1.1 に、主な SPM を示す。

表 1.1　いろいろな SPM（走査型プローブ顕微鏡）

略称　（正式名称）	検出する物理量	分解能
STM　（scanning tunneling microscope）	トンネル電流	原子
AFM　（atomic force microscope）		
コンタクトモード	原子間力	数 nm
タッピングモード	原子間力	数 nm
ノンコンタクトモード	原子間力	原子
FFM　（friction force microscopy）	原子間力（摩擦力）	数 nm
SNOM　（scanning near-field optics microscope）	近接場光	～10 nm
MFM　（magnetic force microscope）	磁気力	～10 nm
KFM　（Kelvin probe force microscope）	仕事関数	～10 nm

　SPM のファミリーの中で、トライボロジーの分野では AFM がよく使われている。AFM で、力を検出する方法はいくつかあり、プローブを表面に常に押しつけて反力を検出するコンタクトモード、カンチレバーを試験片に対して垂直に振動させてその振幅を検出するタッピングモード、カンチレバーを垂直に振動させる点はタッピングモードと同じであるが、プローブ先端を試験片に接触させないで走査を行うノンコンタクトモードなどがある。プロ

ーブが試験片表面に与える力は、コンタクトモード＞タッピングモード＞ノンコンタクトモードの順に小さくなっている。分解能は力が小さくなるほど高くなり、コンタクトモード≦タッピングモード＜ノンコンタクトモードの順になる。最も分解能が高いノンコンタクトモードでは格子の欠陥を見ることもできる（第5章参照）。

　SPMが開発される前は、表面を原子分解能で観察する方法は極めて限られていた。結晶内部の様子はX線回折によって、1910年代から明らかになっている。それに対して、固体表面において、原子の配置がどのようになっているかについては、STMが開発されるまでは正確に知ることができなかった。量子力学の基礎を築いたパウリ（W. Pauli）は、「固体内部は神が創ったが、表面は悪魔が作った」といっている。これは、固体の結晶は単純で整然とした構造をしているのに対し、固体の表面は複雑で生きているように変化することなどを意味していると思われる。そのような複雑な表面の構造や状態を知ることができるSPMが開発されなければ、表面のわずかな状態の違いが大きく現れるマイクロトライボロジーの研究は、現在ほど進んでいなかったに違いない。

(3) 摩擦摩耗試験にも使えるAFM

　SPMの中でも、マイクロトライボロジーの研究ではAFMの活躍が目立つ。その理由を説明する前に、図1.12を見ながら、まずAFMの動作原理を簡単に説明する。AFM機構部の主要な構成要素は、サンプル表面をなぞるプローブ（弾性変形するカンチレバーの先端に取りつけられている）、カンチレバーのたわみを検出するフォトダイオード、サンプルとプローブの位置を相対的に変化させる走査機構とになる。走査機構としては、圧電セラミックスを利用したチューブスキャナが広く利用されている。それらの機構部をコントロールし、フォトダイオードからの信号を処理する電子回路、コンピュータなどを含めてAFM全体のシステムが構成されている。コンタクトモードの測定で、プローブをサンプルに押しつけたときのサンプル表面からの反力は、カンチレバーの変位から検出される。カンチレバーの変位を一定に維持するように、スキャナに加える電圧を調整しながら、サンプル表面に沿ってプロ

第1章 マイクロトライボロジーの世界

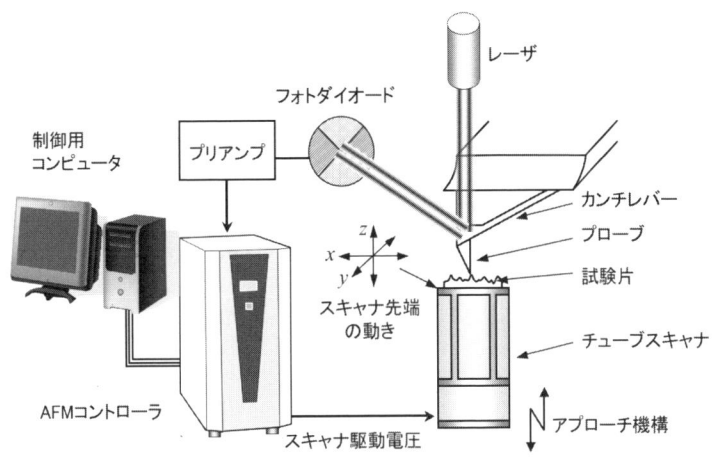

図 1.12 AFM (atomic force microscope：原子間力顕微鏡) の原理と構成

ーブを走査する。そのとき、スキャナに加えた電圧を記録しておき、その電圧の変化を画像化することによって、走査した面の形状像が得られる。

　AFM を高分解能の形状測定装置として用いて、表面の形状や構造をナノスケールから原子スケールで観察することで、機械の摺動面で起きているわずかな変化を知ることができる。分解能では STM に一歩引けを取るが、金属表面に厚い酸化膜や堆積物があっても、容易に表面を観察できるので、摩擦面を調べるのに都合がよい。さらに、AFM は形状測定装置としてだけでなく、マイクロからナノスケールの摩擦摩耗試験としても利用することができる。AFM の測定モードの1つに FFM (friction force microscopy) があり、これを用いるとナノニュートン～マイクロニュートンレベルの荷重で摩擦を行い、摩擦力を測定し、さらに表面の摩擦力分布を得ることができる。また、強い荷重で走査して摩耗を意図的に発生させれば、微小領域の摩耗試験機になる（第6章参照）。AFM を用いて、例えば、表面に吸着している単分子膜の摩擦特性を調べたり、厚さが数ナノメートルの薄膜の耐摩耗性を評価したりすることができる。マイクロトライボロジーの研究で、AFM が活躍しているのは、このような理由による。

(4) マイクロトライボロジーが立ち向かう問題

物体の大きさが小さくなることで、トライボロジーに関する物理法則が変わったように見えることがある。シリコンウェーハの上で滑らなかったアリもその一例である。それと同じことが、機械や装置の中でも発生し、問題となることがある。

磁気ディスクを例にとると、ヘッドがディスクに接触したときに、そのままディスクに固着して離れなくなることがあり、このスティクションと呼ばれる現象が一時期大きな問題となった。これは、面積の影響が質量や外力と比較して大きくなったために発生する現象で、マイクロトライボロジー固有の問題である。

MEMS とは micro electromechanical systems の略で、シリコン基板上にフォトリソグラフィーなどを利用して作製される小さな機械である。このMEMS の場合も、部品の寸法がマイクロからミリメートル程度なので、マイクロトライボロジーの問題がある。MEMS が注目を集めるきっかけとなった静電モータは 1980 年代に開発された（図 1.13）。この静電モータのロータの直径は、120μm である。200V の電圧を加えたときに、50 rpm の回転速度が得られた。しかし、計算上は 120000 rpm で回転するはずであり、その差は摩擦力の影響によるものと考えられている。現在、圧力センサ、加速度計、

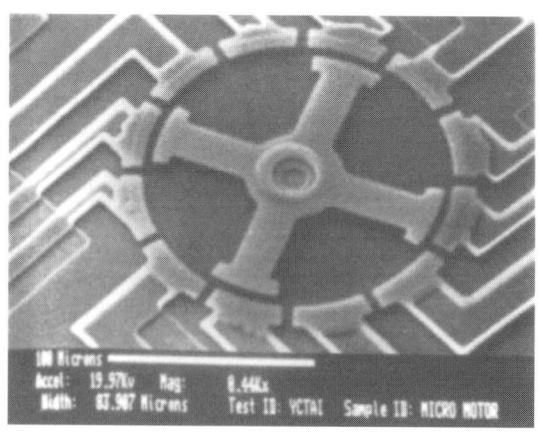

図 1.13　MEMS 技術によって作製された静電モータ [3]

【MEMS の作り方】

　MEMS の特徴はその作り方にあるといわれている。日本では、「マイクロマシン（micromachine）」という呼称が使われることがあり、これはサイズの小さな機械を意味する。それに対して、**MEMS** は、半導体リソグラフィーを応用して作製された機構を意味する。その作製プロセスは、成膜、レジストのパターニング（フォトリソグラフィー）、エッチングなどの工程から構成される。ここでは、MEMS による片持ち梁（カンチレバー）の作製方法を簡単に説明しよう。

① 基板の上に、ガラスの膜を成膜する。
② ガラス膜の上にレジストを載せ、部分的に光を当てることで、レジストの性質を変化させる。
③ 現像液に入れるとレジストの光を当てた部分が溶ける。
④ 残ったレジストを保護膜として、フッ酸に浸けて、ガラス膜に穴を空ける。
⑤ レジストを除去した後に、ポリシリコンを成膜する。
⑥ ②から③と同じ手順によって、レジストをパターニングする。
⑦ ドライエッチングでは、レジストで保護されていないポリシリコンはエッチングされるが、ガラス膜はエッチングされずに残る。
⑧ フッ酸に十分長い時間浸すと、ポリシリコンの下のガラス膜も溶け、「カンチレバー」が形成される。

　ガラス膜は、ポリシリコンのカンチレバーを基板から切り離して浮かすときに溶かされてしまうので、「犠牲層」と呼ばれる。MEMS のプロセスは、「犠牲層エッチング」が大きな特徴である。

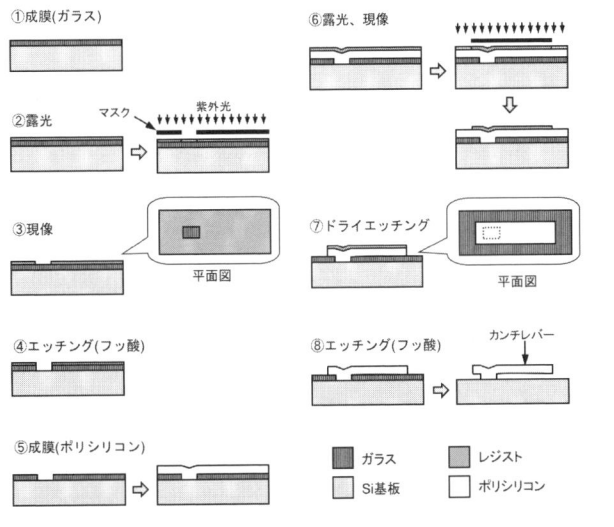

インクジェットプリンタ、ビデオプロジェクタなどで MEMS の技術が実用化されているが、それらの MEMS 機構の中には、滑る部分がなく、動く部分は、ばねなどによって弾性支持されている。小さな機構の中で、部品を安定させて滑らせることがとても難しいことを、このような状況からも知ることができる。

MEMS の場合、弾性体で支持された部品であっても、動く部品の周りの隙間が狭いために、何かのきっかけで、品同士や部品と基板が接触してしまうと、くっついたまま離れなくなることがあり、これもハードディスクと同じようにスティクションと呼ばれている。また、MEMS の製造工程では、フッ酸などを使ったエッチングによって部品を支えている犠牲層を溶かす必要がある。この後にエッチング液を洗い流して乾燥させるとき、やはりスティクションが問題となる。なお、MEMS のスティクションについては、第 3 章で詳しく紹介する。

1.3 マイクロトライボロジーとは何か

(1) マイクロトライボロジーの3つの特徴

シリコンウェーハに乗ったアリが滑らなかったことと、ハードディスクや MEMS で見られるスティクションには、いずれも固体表面間に作用して、固体同士をくっつけようとする凝着力が影響している。このように、サイズが小さかったり、重力など外部から加えられる力が弱かったりすると、凝着力の影響が顕在化して、それが摩擦に影響を与えることもある。ところで、凝着力はアリの足だけではなく、ダンゴムシの足とシリコンウェーハの間にも働いていたはずである。つまり、ダンゴムシに作用していなかった新しい物理法則が、アリに対してのみ働いたわけではなく、アリの摩擦もダンゴムシの摩擦も、本質的には同じ物理法則に支配されている。シリコンウェーハ上のダンゴムシ、あるいは滑り台の上の人にとっては、凝着力が小さすぎるために、それに気がつかないのである。マイクロトライボロジーの1つの特徴は、このように、①『サイズの違いなどがきっかけとなって、マクロなスケールでは気がつかなかった現象が現れる』ことである。

第1章 マイクロトライボロジーの世界

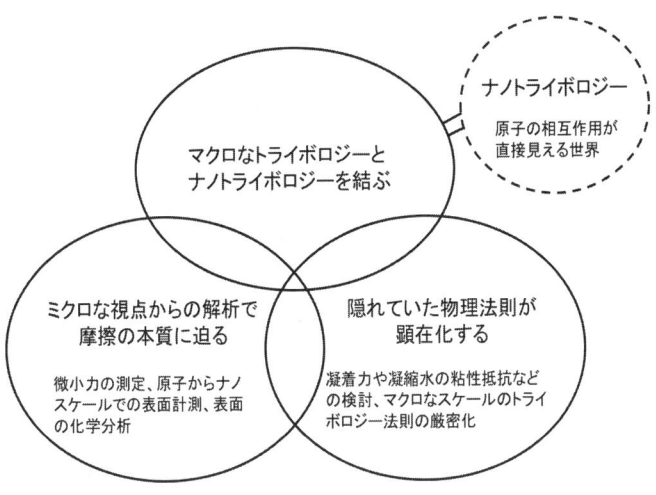

図1.14 マイクロトライボロジーの3つの特徴

　アリとシリコンウェーハの間、磁気ディスク装置のヘッドとディスクの間、MEMSの機構に作用している力を明らかにしようとしたときには、弱い力を高い感度で測定する必要がある。磁気ディスクの摩耗を調べようとしたときには、AFMなどを用いてわずかな表面形状の変化を測定する必要がある。また、表面についた膜や分子が摩擦に影響を与えているのであれば、それらを観察したり、その性質の変化を調べたりすることが、現象を理解する大きな助けになる。マイクロトライボロジーの世界では、作用している力が弱く、接触面積が小さいために、必然的に高感度の測定や高分解能の観察が必要となる。しかし、その一方で、大きな荷重や高い摩擦速度によって生じる熱などの影響を受けないことが多く、エンジンなど大きなサイズの機械における摩擦と比較すれば、摩擦に影響するパラメータは少なく、測定条件もコントロールしやすいため、②『ミクロな視点で行った解析によって、摩擦現象の本質に迫ることが容易になる』という側面もある。
　ところで、実際に摩擦現象を支配しているのは、接触している一つひとつの原子間の相互作用である。その相互作用が顕在化し、新しい物理法則が発現するのがマイクロトライボロジーであるという考え方もある。しかし、そ

の考え方は、マクロなトライボロジーと本質的に同じ物理法則に支配されているという最初に挙げた1つ目の特徴と矛盾してしまう。そこで、本書では、一つひとつの原子間の相互作用が顕在化するような摩擦現象をナノトライボロジーと呼ぶことにしたい。

しかし、ナノトライボロジーとマイクロトライボロジーの境界は、必ずしも明確ではない。マクロな摩擦現象を支配しているのも一つひとつの原子間の相互作用であるが、マクロなトライボロジーでは、それらが平均化されてしまっているために、影響が見えなくなっているだけである。サイズが小さくなることによって、マクロなトライボロジーがマイクロトライボロジーになったように、ミクロな視点を突き進めていけば、いずれナノトライボロジーに行き着くはずである。したがって、3つ目の特徴は、③『マクロなトライボロジーとナノトライボロジーをつなぐ役割』である。

(2) マイクロトライボロジーで何がわかるか

トライボロジーということばが最初に使われた報告（1966にH.P. Jostがまとめた英国の教育・科学省のレポート）には、トライボロジーは「相対運動を行い相互作用する表面、およびそれに関連する実際問題に関する科学と技術」として定義されている。この定義どおり、トライボロジーには、科学と技術の2つの側面がある。技術的な側面を見れば、経験に基づく知識は、摩擦に関して実際に生じている問題を解決するのに大いに有効である。それに対して、科学的な側面を見ると、トライボロジーは無数のパラメータが複雑に影響しあっている摩擦面を対象としているため、現象を科学的に記述することは難しい。あえて、科学的な説明を加えようとすると、特定のパラメータのみを取り上げて、それ以外を無視してしまうことすらある。

マイクロトライボロジーの3つの特徴に共通していることは、トライボロジーに関して新しい視点を与えてくれることである。そのようなことが可能になるのは、対象が限定されたことが幸いして、摩擦を調べる手法が増えて、それぞれの手法が重要な情報を与えてくれるようになったためである。マイクロトライボロジーということばが生まれた背景には、磁気ディスクやMEMSなどのアプリケーションからの必要性があった。しかし、マイクロト

ライボロジーの対象は限定される必要はない。電気接点をはじめ、時計、デジカメ、ポンプ、バルブなど、軽荷重で接触して運動する部分があれば、そこにはマイクロトライボロジーが直接関係してくる。

　マイクロトライボロジーもマクロなサイズのトライボロジーも対象としているのは、相対運動を行い相互作用する表面である。したがって、自動車のエンジンなど、一見するとマイクロトライボロジーとは無関係に見えるマクロな機構にも、マイクロトライボロジーが関わっている。マクロな機構であっても、マイクロトライボロジーのアプローチを適用することで、潤滑性能を向上させることが可能である。マイクロトライボロジーを知ることは、トライボロジーを深く理解することにつながる。

■研究テーマを見つける 2 つの方法

　トライボロジーに限った話ではないが、研究活動を行う上で最も重要で難しいのは、研究テーマを設定することではないだろうか。企業の研究で、特定の製品を開発する場合は最終的な目標は明確なので、それを達成するために必要な技術課題や研究テーマは半ば自動的に決まってくる。それに対して、大学や公的研究機関における研究、あるいは企業においてもかなり先に目標を置いた研究開発の場合は、制約条件が少ない分、研究テーマを決めるのに難しい面が多い。

　制約条件が少ないときに、研究テーマを決める方法は、大きく 2 つに分かれる。1 つは、①自分がそれまでに行ってきた研究を演繹してテーマを見つける方法、もう 1 つは、②学会や世の中の動向から帰納的に研究テーマを見つける方法である。①では、自分の研究を進めながら生まれた疑問やアイデアをもとにテーマを考える。ある程度のレベルは維持されるが、研究が大きく展開しにくい。②の場合は、ともするとキャッチアップ的な研究になりがちで、中途半端にあちこちに手を出すとテーマが発散してしまう。

　大学や公的機関で行われている研究を俯瞰すると、注目される研究を行っている人は、①の方法でテーマを選んでいる場合が多いように見える。研究開発プロジェクトを企画する人は、②の方法でテーマを決める傾向がありそうである。①と②のどちらを中心にしても、もう一方の要素を取り入れることが、研究を発展させていく上で重要である。

第2章

凝着力が摩擦に与える影響
―修正される摩擦法則―

2.1　凝着説による摩擦の解釈とその矛盾

(1) 古典的な摩擦理論における凹凸説と凝着説

　摩擦力がなぜ作用するのかについて、過去から様々な考察がなされてきた。摩擦に関して先駆的な研究を行ったレオナルド・ダ・ビンチ（Leonardo da Vinci）をはじめ、18紀頃までは表面粗さが摩擦力の原因になっているという考えが主流だったようである。これは「摩擦の凹凸説」と呼ばれ、「表面粗さのある面同士が摩擦されるとき、一方の表面にある小さな突起が他方の面の山を乗り越えるときに必要な仕事によって、摩擦力が発生する」という説明がされる。しかし、この考え方には大きな矛盾がある。確かに突起が斜面を登るためには力が必要であるが、逆に下るときには斜面から力を受ける。斜面を登ればその分下ることになるので、平均すると斜面からの力は0になってしまう。また、粗さが大きくても、粗さが小さいときより摩擦力が低くなることもあり、これも凹凸説では説明することができない。このように、摩擦の凹凸説は直感的には受け入れやすいが、よく考えてみると矛盾があり、実際に測定される摩擦を十分に説明することができない（図2.1）。

　凹凸説に対する概念として、「摩擦の凝着説」がある[2]。直接接触している部分の一部が原子的に結合していて、その結合をせん断方向に引きちぎる力が摩擦力を決定するという考え方である。例えば、表面が汚れているときよ

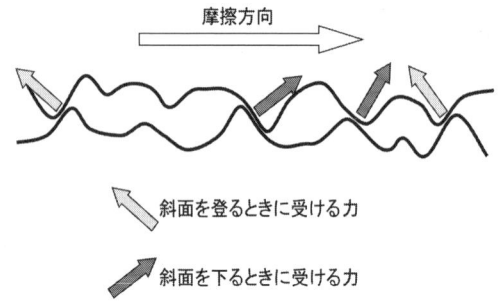

図 2.1 摩擦の凹凸説では、斜面から受ける力を平均すると 0 になる。

りも、きれいなときの方が高い摩擦力が測定される場合がある。凝着説に沿ってその理由を説明すると、真実接触面の中でも原子的な結合が生じている部分は限られていて、表面がきれいな方がその割合が多い。そのように考えると、雰囲気や表面の清浄度によって摩擦力が大きく変化することをうまく説明することができる。

実際に摩擦の凝着説は、現在でも広く受け入れられている。Bowden と Tabor のジャンクション成長のモデルが摩擦力の挙動をうまく説明できることから、トライボロジーの教科書で、最初にこのモデルが詳しく説明されることも多い（図 2.2）。

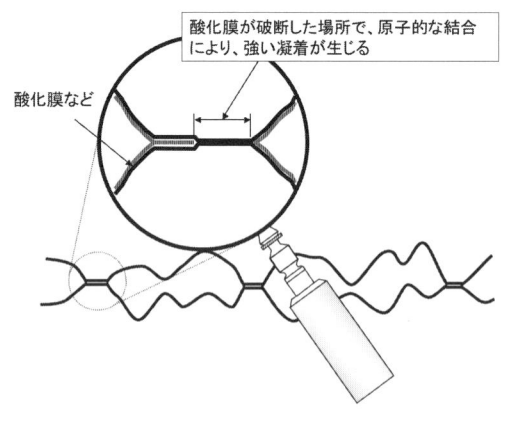

図 2.2 摩擦の凝着説では摩擦現象を一通り説明できるが・・・。

しかし、摩擦の凝着説にも弱点がある。原子的な結合をせん断方向に引きちぎるのに力が必要であるなら、それを垂直に引き剥がすのにも同じ程度の力が必要なはずである。ところが、実際にそのような力（原子間に作用する凝着力）を測定しようとしても、そのような力を明確に検出することは難しい。例えば、人が歩くとき靴と床の間には確かに摩擦力が働いている。重い荷物を押したり、力に対抗して踏ん張ったりしたときを考えると、摩擦力は体重と同じくらい大きい。もし、もしそれが原子間の凝着力に起因しているのなら、足を持ち上げようとしたときにもその力を感じるはずである。しかし、実際にはそのような力を感じることはない。

(2) 直接測定による凝着力の確認

2つの面が離れるとき、弾性回復によって接触面が徐々に減少し、最後に2つの面が離れる瞬間の接触面積はほとんど0になると考えれば、垂直方向に原子間の凝着力が検出されないことを説明できる。そうだとすると、完全に平坦な面が接触していて、弾性回復することなく一気に2つの面が垂直に離れるときには原子間の凝着力が検出できるはずである。

鉛のように柔らかい金属を鉄などの固い金属の表面に押しつけて、2つの面を垂直に引き剥がすと、はたして大きな力が検出される。デザギュリエ（Desaguliers）が1724年に英国学士院に提出した論文には、接触する部分を平らに削り取った鉛の球同士をねじりながら押しつけて、そのあとに2つの球を引き離すときの力を測定したと書かれている（図2.3）。それによると、

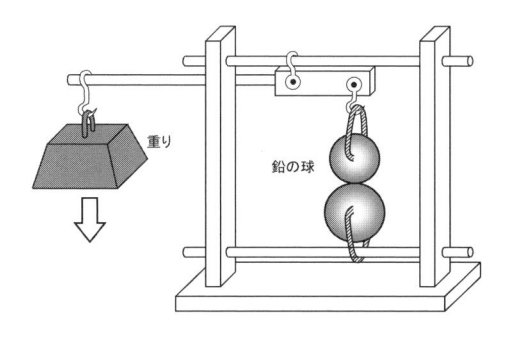

図2.3 デザギュリエの実験では、鉛の球の間で最大71Nの凝着力が測定された[3]。

このような方法で測定された最大の凝着力は、47 ポンド（209 N）以上であった。このとき、表面には相手の金属の一部が移着している様子も見られたという。また、曾田は、押しつけられたインジウムと鋼球の間に作用する凝着力が、押しつけたときの荷重と同程度であること、つまり押しつけたときの力と同程度の大きさの力で引っ張ったときに、鋼球とインジウムが離れたことを報告している[1]。

これらの結果から、表面を引きつけ合う凝着力が実際にも作用していることが確認できる。その凝着力が原子同士の結合で生じているとすると、その「結合を横方向に引きちぎるときに摩擦力が働く」という摩擦の凝着説の考え方が成立するようにも思える。

(3) 摩擦の凝着説の矛盾

柔らかい金属以外の物質（例えばゴムなど）が接触している場合に垂直方向に凝着力が検出されないことは、「弾性回復では、接触面積が徐々に減少して、離れる直前の接触面積は0になるから」と考えれば理解できる。しかし、ジョンソン（K. L. Johnson）らの1971年の論文では、それとは矛盾した結果が示されている[4]。彼らの行った実験では、球状のゴムをガラスにいったん接触させて、それをゆっくりとガラスから離した。そのとき、ガラス面の反対側から接触面を観察すると、ゴムとガラスが接触している部分がわかるので、ゴムを押しつけている荷重に対して、接触面積がどのように変化するかを調べることができる。

押しつけている荷重を徐々に下げていくと、荷重が0になったときにはゴムはまだガラスから離れず、接触面積はまだ十分に大きい。そこから、荷重を下げて、ゴムをガラスから引き離そうとする力を加えると接触面積は小さくなるが、ゴムはガラスについたままであった。つまり凝着力が働いていることになる。さらに、その引き離そうとする力を大きくしていけば、ゴムはガラスから離れる。面白いことに、離れる直前の接触面積は0ではなく、図2.4のように有限の接触面積のところで突然離れるのである。

ここで、ほとんどの場合に凝着力が検出されなかった理由に関して、その矛盾が浮かんでくる。弾性変形があるために、ゴムとガラスの接触面積は、

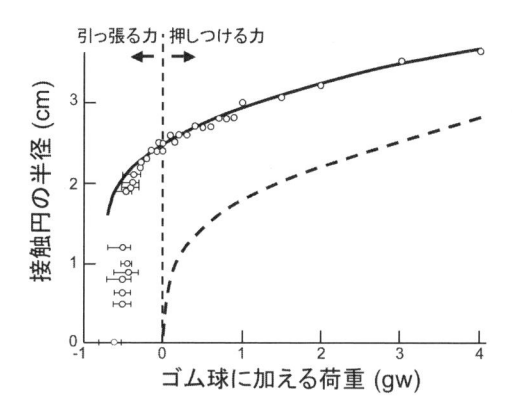

第 2 章　凝着力が摩擦に与える影響

図 2.4　接触面積が 0 になる前に、ゴム球はガラスから離れる [4]。

荷重の減少（引き離そうとする力の増加）とともに確かに小さくなった。しかし、離れる直前では有限の接触面積があり、かつ凝着力は検出された。実はこのような球と平面を引き離すときに測定される力は、材料のヤング率（縦弾性係数）に依存しないという計算結果が、ジョンソンらによって示されており、これも摩擦の凝着説にとっては都合が悪い。なお、ジョンソンらの実験に基づく理論的な検討は、論文の共著者（Johnson、Kendall、Roberts）の頭文字を並べて、「JKR 理論」と呼ばれている。

　ジョンソンの実験からは、凝着力が作用しているならば、弾性接触であっても、2 つの面を引き剥がすときに、その力（の一部）が検出されることがわかる。ところが、身の回りにある摩擦面を考えてみると、デザギュリエの実験で見られたような大きな凝着力が検出されることはほとんどないのに、摩擦は至る所で作用している。このことから、「原子的な凝着をせん断方向に引きちぎるのに必要な力が摩擦力であるという」摩擦の凝着説の妥当性がかなり怪しいものになってくる。摩擦力がなぜ作用するかについては、第 4 章や第 6 章で別の考え方を紹介することにして、ここでは凝着力と摩擦力とは違うものであること、凝着力が働かなくても摩擦力は働くことの 2 点を確認しておきたい。

2.2 低荷重の摩擦で顕在化する凝着力

(1) 弱い凝着力の存在とその測定

　機械を扱っていたり普段生活していたりする中で、重い鉛の玉をくっつけたまま留めておくほど大きな凝着力に出会う機会はほとんどない。しかし、アリや小さく切った紙がシリコンウェーハの上で滑らなかったことから、アリや紙の重さに相当する程度の凝着力は、ありふれて存在しているのかもしれない。そこで、実際にアリが本当に凝着力によってシリコンウェーハにくっついていたかどうかを確認するために、アリが乗っているシリコンウェーハをひっくり返してみた。結果は、予想どおりで、アリはシリコンウェーハから落ちることなく、そのままシリコンウェーハの上を歩き続けていた（図2.5）。

　日常生活の中でも気をつけていると、このような弱い凝着力を感じることができる。雨が降っているときや、汗をかいているとき、手指がベタベタした感じになるのは、凝着力が作用しているからである。また、弱い凝着力を利用することもある。例えば、テーブルの上に落ちた砂糖や塩の粒を指で取ろうとしたときは、指をギュッと押しつけて、塩や砂糖の粒を指にくっつけるのではないだろうか。塩の粒がつく程度の力であるから、力の大きさはマイクロニュートン程度であろうが、凝着力が働いていることは間違いない。

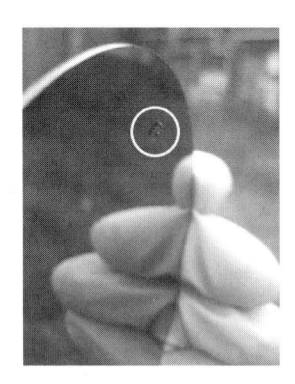

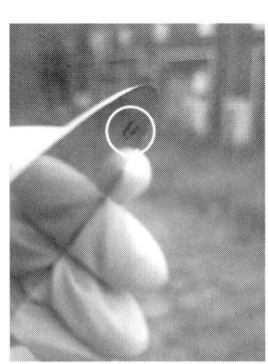

図 2.5　シリコンウェーハをひっくり返したときのアリ

第 2 章 凝着力が摩擦に与える影響

　ここで、筆者の行った弱い凝着力を測定した実験を紹介する。長さの基準として用いられるブロックゲージの表面は非常に滑らかに仕上げられている。また、転がり軸受の中に入っている鋼球の表面粗さも小さい。この2つの試験片をよく洗浄して、表面に油や汚れが残っていない状態で接触させてから、それらを引き離すのに必要な力を測定してみた。

　図 2.6 のように、ばねの先端に取りつけたブロックゲージを鋼球に押し当てたとき、鋼球がブロックゲージから受ける力は、ばねの変位から知ることができる。その状態から、ゆっくりとブロックゲージを支えているばねを反対方向に動かしていく。接触部に凝着力が作用していないときは、板ばねの変位が 0 になったときに、ブロックゲージと鋼球は離れる。ところが、凝着力が作用していると、ブロックゲージが鋼球にくっついたままになるので、板ばねが反対方向に変形する。板ばねの変形が大きくなると、ある時点で板ばねの復元力が凝着力を上回って、鋼球とブロックゲージが離れる。このとき作用していた凝着力の大きさは、板ばねの最大変位に板ばねのばね定数を乗算することで求めることができる。

　このような方法で、凝着力を測定したところ、鋼球とブロックゲージの間で、サブミリニュートン程度の大きさの凝着力が検出された。次に、両方の試験片を接触させた状態から接線方向に何度か滑らせてから測定を行うと、

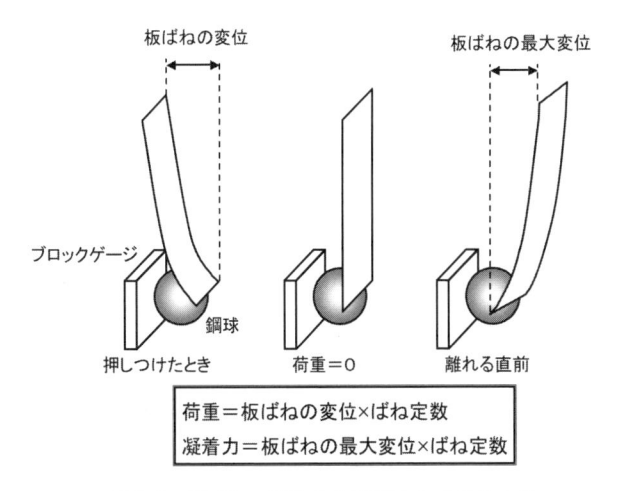

図 2.6 板ばねの変位から凝着力を求める方法

28　　　　　　　　　第 2 章　凝着力が摩擦に与える影響

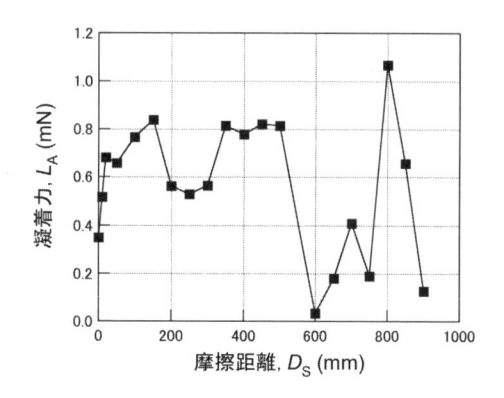

図 2.7　摩擦によって凝着力が変化する様子 [5]

凝着力の大きさは 1mN 程度まで増加した（図 2.7）。摩擦を行った後の鋼球の表面を AFM で観察すると、図 2.8 ように堆積物が広がったような様子が見られた（分析の結果、堆積物に酸化物が多く含まれていたことから、この堆積物は主に摩耗粉であると考えられている）。堆積物がない部分は鋼球の表面で、ナノメートルのスケールで見ると、意外とでこぼこしていることがわかる。それに対して、中央付近にある堆積物の表面は、鋼球の表面よりも滑らかになっている。摩擦することで凝着力が増加した大きな理由は、堆積物が広がることで、凝着力が作用する接触面積が増加したためである。そのとき、堆積物の表面粗さが鋼球の表面と同程度かそれよりも小さかったことが、

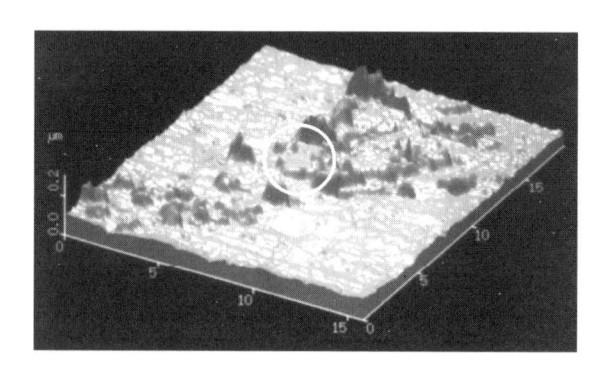

図 2.8　摩擦後の鋼球表面には摩耗粉が堆積していた（○で囲んだ堆積物の表面はブロックゲージの表面と比べて滑らかになっている）[5]。

凝着力の増加に有効に作用したと考えられる。

このように弱い凝着力であれば、鋼球とブロックゲージの組合せに限らず、試験片の材質を変えても検出することができる。筆者の経験では、ガラス、金、銀、銅、アルミニウムとシリコン、銅とブロックゲージなど、表面粗さが小さな面を用いれば、マイクロニュートン〜ミリニュートン程度の凝着力を容易に検出することができる。アリとシリコンウェーハの間に働いている力、塩の粒が指につく力、ブロックゲージと鋼球の間で検出された力、これらの力は同じ原因によって作用していると考えられている。この弱い凝着力の原因については第3章で詳しく紹介することにして、まず、このような弱い凝着力が摩擦力に与える影響について以下に検討してみる。

(2) 凝着力と摩擦力を直接比較する

凝着力と摩擦力を直接比較するためには、同じ接触面について、それを横（せん断）力方向に動かしたときの摩擦力と、それを垂直方向に引き離そうとしたときの凝着力を測定する必要がある。2つの力の関係を定量的に比較することによって、小さな凝着力が摩擦に対してどのような役割をはたしているかが明らかになる。そのためには、試験片を同じ試験装置に取りつけたまま、摩擦力と凝着力の両方の力を測定する必要がある。

2つの力を測定する方法は、凝着力だけの測定よりもやや複雑になるので、図を用いて測定方法を説明する。図2.9の装置で、摩擦を行うときには、板

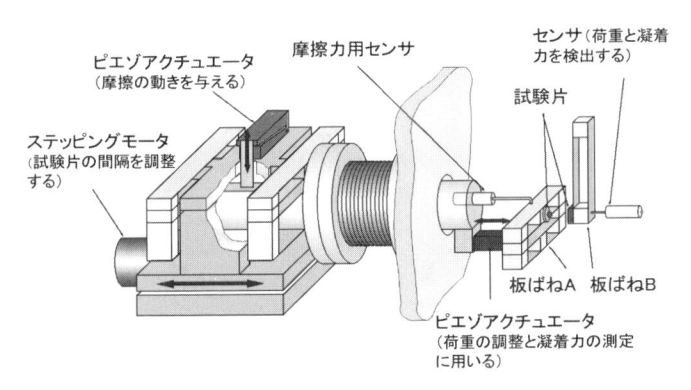

図2.9 凝着力と摩擦力の両方を測定する機構[6]

ばね B に取りつけたプレート型試験片に対して、板ばね A を接線方向（図では上下方向）に動かす。また、荷重を加えたり凝着力を測定したりするときには、板ばね A を垂直方向（図では左右方向）に動かす。このとき、それぞれの板ばねが受ける力は、板ばねの変位をセンサで測定することによって求められる。板ばね A の変位からは摩擦力が、板ばね B の変位からは垂直荷重または凝着力が求められる。

図 2.9 の装置を用いて、摩擦力と凝着力を交互に測定することで、凝着力と摩擦力の比較を行った。具体的には、最初に、試験片をいったん接触させてから引き離すことで、凝着力を測定する。次に、適当な荷重を設定して摩擦を行い、摩擦力を測定する。摩擦力を測定した直後に、その状態から試験片を引き離してもう一度凝着力を測定する。設定荷重を変えて、凝着力－摩擦力－凝着力の測定を繰り返した。測定結果から、荷重、その荷重における摩擦力、摩擦力測定前後に測定した凝着力の平均値の比較を行う。

(3) 摩擦力の原因は凝着力ではない

鋼球とブロックゲージの組合せで測定した摩擦力と凝着力を図 2.10 に示す。横軸は摩擦を行ったときの垂直荷重である。摩擦力は垂直荷重とともに直線的に増加している。ただし、垂直荷重がほとんど 0 になっても、摩擦力は 0 になってはいないので、摩擦力が垂直荷重に比例するというアモント

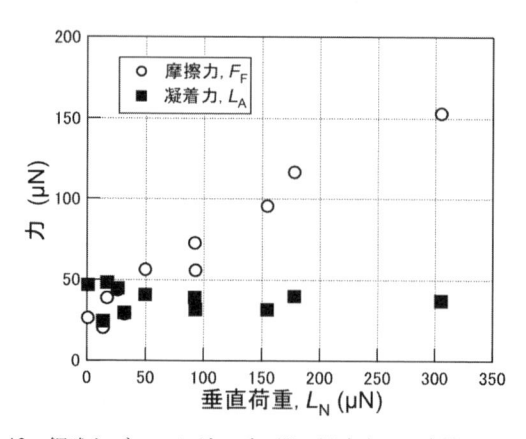

図 2.10 鋼球とブロックゲージの間で測定された摩擦力と凝着力 [6]

ン・クーロンの摩擦法則からは外れている。

　一方、凝着力について見てみると、垂直荷重が増減したとき凝着力は多少変動しているがほぼ一定である。凝着力を測定する条件は摩擦時の荷重が違っていても常に同じなので、接触面の状態が同じならば、凝着力は一定になるはずである。しかし、実際には、摩擦に伴う摩耗などによって表面の状態が変わるため、凝着力も若干変動する。高い荷重で摩擦すると摩擦前に測定した凝着力よりも摩擦後に測定した凝着力が高くなる傾向があり、低い荷重で摩擦すると摩擦後の凝着力が低くなる傾向がある。

　摩擦の凝着説では、「凝着を横方向に引きちぎる力が摩擦力である」としている。しかし、荷重が増加したときの凝着力の変化は極めて小さい。同じような実験を、シリコンウェーハと銅の組合せで行った場合も同様に、摩擦力は荷重とともに変化したが、やはり凝着力は荷重によらずほとんど一定であった。もし、測定された凝着力と摩擦中に作用している凝着力が等しいとした仮定が正しいとすると、凝着力が一定でも摩擦力が変化していることになる。前節では、凝着力が検出されないときでも、強い摩擦力が働くことがあることから、凝着をせん断する力が摩擦力ではない可能性を指摘した。弱い凝着力が作用しているときに、摩擦力との関係を比較した結果からも、摩擦力と凝着力の間には直接の関係がないことが確かめられた。

(4) 摩擦力、凝着力、垂直荷重の関係

　それでは、凝着力はどのように摩擦力に影響を与えているのであろうか。ここで、凝着力の働き方として、1つの仮説を立ててみる。凝着力はあくまで表面を引きつけ合う向きに作用しているとすると、そのような力は垂直荷重のように働く。このような垂直荷重は、こっそりと隠れて働いて、表面を引きつけ合う。その隠れた垂直荷重が摩擦力に対して、板ばねで与えているような垂直荷重と同じ役割を果たしているとすると、その分だけ摩擦力は増加するはずである。

　そこで、「凝着力＝隠れた垂直荷重」という仮説に基づき、摩擦力と垂直荷重の関係（図2.10）について、垂直荷重と凝着力の和に対してプロットしなおして見る。図2.11に示すように、例えば175μNの荷重で摩擦を行ったと

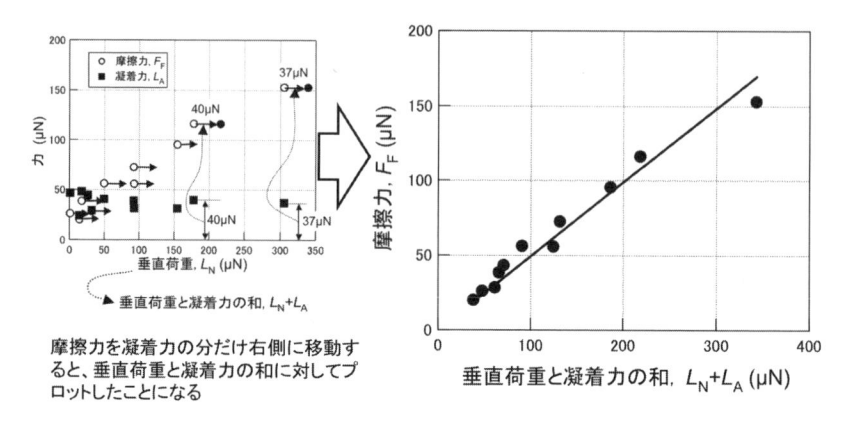

図 2.11 垂直荷重と凝着力の和に対して摩擦力をプロットすると、摩擦力は原点を通る直線に乗る。

きに測定された摩擦力を、横軸が 175μN の位置にプロットするのではなく、その摩擦測定前後に測定された凝着力の平均値（40μN）を加え、横軸上 215μN の位置にプロットする。そのようにプロットし直すと、摩擦力は垂直荷重と凝着力の和に対して、図 2.11 のように変化するようになる。また、図 2.11 には、垂直荷重を L_N、凝着力を L_A、摩擦力を F_F として、

$$F_F = \mu(L_N + L_A) \tag{2.1}$$

によって、摩擦力のプロットを近似した直線を示している。この近似直線が測定結果によく一致することから、摩擦力は垂直荷重と凝着力の和に比例しているといってよさそうである。したがって、凝着力と垂直荷重の和（$L_N + L_A$）は実効的な垂直荷重に相当し、μ は $L_N + L_A$ に対する摩擦係数になる。垂直荷重、凝着力、摩擦力の関係を見る限り、「凝着力が垂直荷重のように働く」という仮説は正しい。

図 2.12 には、図 2.10（と図 2.11）に示したデータから求めた 2 種類の摩擦係数を示す。○で示すのは、摩擦力を単純に垂直荷重で除した摩擦係数である。●で示すのは、$L_N + L_A$ を実効的な垂直荷重とみなして、その実効的垂直荷重で摩擦力を除して求めた摩擦係数である（すなわち、$F_F = \mu(L_N + L_A)$ の μ に相当する）。このような実験から、$L_N + L_A$ を実効荷重と見なせば、垂直荷重よりも大きな凝着力が作用するような摩擦条件であっても、摩擦係数

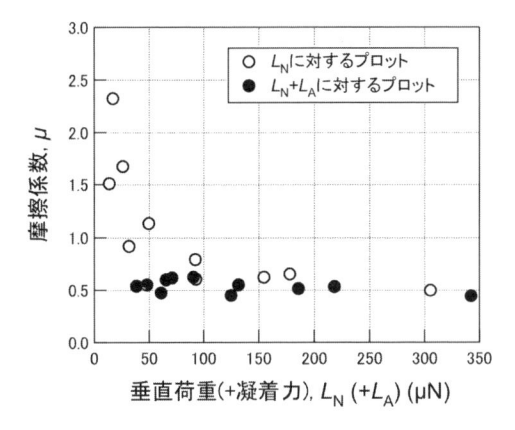

図 2.12 垂直荷重と凝着力の和に対してプロットした摩擦係数は一定になる[6]。

が一定というアモントン・クーロンの摩擦法則が成り立つことが明らかになった。また、「表面を引き離すときに測定された凝着力は、隠れた垂直荷重として作用している」という仮定が正しかったことが確認できた。

2.3 摩擦力から推定する凝着力

(1) 凝着力は滑っているときにも働いている

前述の実験（図 2.10〜2.12）では、試験片が滑っていない静止した状態で凝着力を測定し、その凝着力を用いて、凝着力と摩擦力の関係を求めた。一方、摩擦力を測定しているのは、当然ながら、試験片が滑っているときである。摩擦測定の前後に測定した凝着力が、摩擦中に作用している凝着力に等しいという仮定の妥当性を確かめるためには、表面を滑らせながら凝着力を測定し、それが静止したときに測定した凝着力と一致するかを調べる必要がある。そこで、摩擦を測定している最中に、荷重を徐々に減少させ、最後には試験片を垂直方向に離そうとする力を加えながら滑らせて、離れる瞬間の力を測定した。

実際にそのような測定を行ったときの垂直荷重と摩擦力の変化を図 2.13 に示す。試験片は、鋼球とブロックゲージを用いている。5sから摩擦を開始

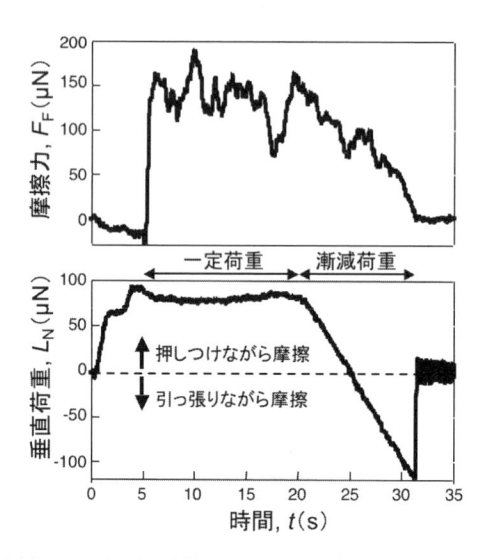

図 2.13 荷重を減少させながら摩擦を行うと、垂直荷重が 0 以下になっても（試験片を引き離そうとする力が働いても）摩擦が続いた [6]。

し、20 s までは一定荷重で摩擦を行っている。20 s から垂直荷重は一定の割合で低下し始め、25 s で垂直荷重が 0 になり、それ以降は板ばねにより試験片を引き離そうとする向きに力が作用している。そのときの摩擦力の変化を見ると、5〜20 s では摩擦力は常に変動しているが、その範囲内では増減する傾向は認められず、20 s 付近から垂直荷重とともに減少している。25 s で、垂直荷重が 0 のとき、摩擦力は有限の値を示している。

25 s をすぎると外力によって接触面が押しつけられているのではなく、外力は接触面を引き離そうとする方向に作用している。それに抗して、試験片を接触した状態に留めている力が凝着力であり、接触面が滑っているときにも凝着力が作用していることが確認できる。そのときの摩擦力を見てみると、垂直荷重が正から負に変化したときに、目だった変化はなく、ほぼ一定の割合で低下しているだけである。その後摩擦力は減少を続け、摩擦力がほぼ 0 になったとき（32 s）に試験片が離れ、このとき（滑らせながら）測定した凝着力は、静止した状態で測定した凝着力に一致していた。

(2)「摩擦力 ∝ 垂直荷重＋凝着力」が意味するもの

ここで、板ばねによって試験片を引き離そうとする力が作用しているときの摩擦力と凝着力について考えてみよう。図 2.13 で、試験片が離れる直前には、試験片を引き離そうとする 120μN の力が板ばねによって加えられている。この引き離そうとしている力に抗して、凝着力が作用して接触した状態を維持させている。一方、摩擦力を見ると、試験片が離れる直前にはほとんど 0 になっている。つまり、十分に大きな凝着力が作用しているときに、摩擦力がほとんど作用していないことになる。これを面積と関連させて考えてみると、凝着力が作用している接触面積は十分に大きいのに、摩擦力はほとんど作用していないことになる。これは、どのように理解したらよいのだろうか。

実験終了後の鋼球の表面を観察すると、図 2.8 と同じような摩耗粉が広く堆積していた。このことから、鋼球上の比較的平滑な面がブロックゲージと接触したことがわかる。しかし、平滑といっても、有限の粗さが存在し、ブロックゲージの表面にも粗さがあるために、堆積物表面の全面が完全に接触していたわけではない。模式的に表すと、おそらく図 2.14 のように接触して

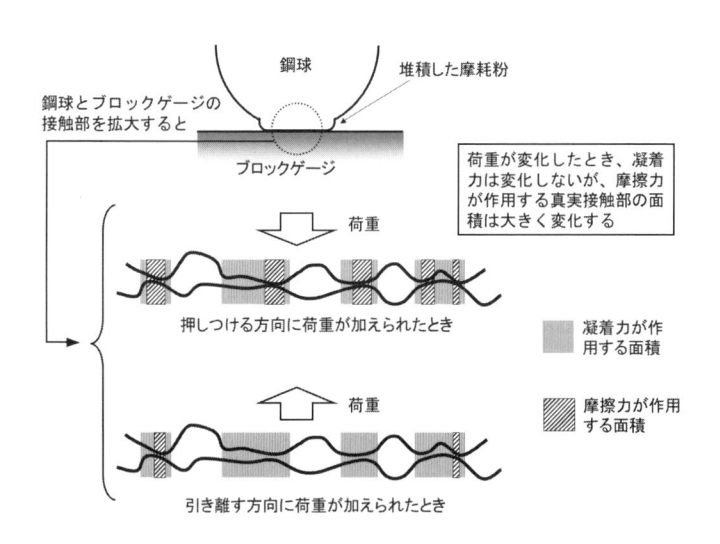

図 2.14 荷重と凝着力を真実接触部（摩擦力が作用する面積）が支えている。

いたと考えられる。このとき、摩擦力が作用する距離は原子間隔程度なので、摩擦力が作用する（斜線の）面積は見かけの接触面積よりも小さい。それに対し、摩擦力よりも長い距離に作用するファンデルワールス力や水の表面張力など（第3章参照）を凝着力の原因として仮定すると、凝着力の作用する（網掛け部の）面積は摩擦力の作用する面積よりも大きくなる。

　この状態で、板ばねなどによって接触面を押しつける方向に外部荷重が加えられると、摩擦力の作用する部分が外部荷重を支える。また、同じ部分で凝着力も支えている。つまり、斜線の部分は真実接触部ということになる。荷重が大きくなれば、荷重とともに真実接触面の面積は大きくなる。したがって、凝着力が作用しているときには、真実接触面積は外部から加えている荷重と、網掛け部に作用している凝着力の和に比例する。

　外部から加えている荷重が0になると、真実接触部では凝着力だけを支えるようになる。外部から接触面を引き離す方向に力を加え、表面が離れる直前の状態では、凝着力は引き離そうとする力よりもわずかに大きいだけである。このとき、真実接触部で支えている力 $L_N + L_A$ は限りなく0に近い。したがって、このとき摩擦力はほとんど働かない。

　このように、摩擦力が作用する真実接触面積は、荷重によって大きく変化する。このとき、表面間の平均距離はわずかながら変化することになるが、凝着力の作用する距離は摩擦力の作用する距離よりも大きいために、凝着力は荷重の影響をほとんど受けず、その大きさは変化しない。このため、荷重に対して摩擦力は直線的に変化し、引離し力を測定すると凝着力に一致するのである。

(3) 凝着力が引離し力に一致しない例

　図 2.13 に示したブロックゲージと鋼球を用いた実験では、摩擦中の摩擦力の変動はかなり大きかった。ブロックゲージの代わりにシリコンウェーハを、鋼球の代わりに銅のピンを用いて、同じような実験を行うと、垂直荷重と摩擦力の関係として、図 2.15 のような結果が得られる。ブロックゲージのときに見られたような大きな変動は認められない。表面粗さを比較すると、シリコンウェーハの表面粗さは 1nm 以下で、ブロックゲージよりも 1 桁以上低

第2章 凝着力が摩擦に与える影響

い。そのため、シリコンウェーハではどの場所でも常に同じような接触状態が維持され、摩擦中の凝着力が一定で、摩擦力が一定の割合で滑らかに減少したと考えられる。

同じ銅のピンとシリコンウェーハの組合せでも、銅のピンの接触部の形状を変えると、摩擦力の変化の様子が大きく異なる。図 2.15 の測定で用いたピ

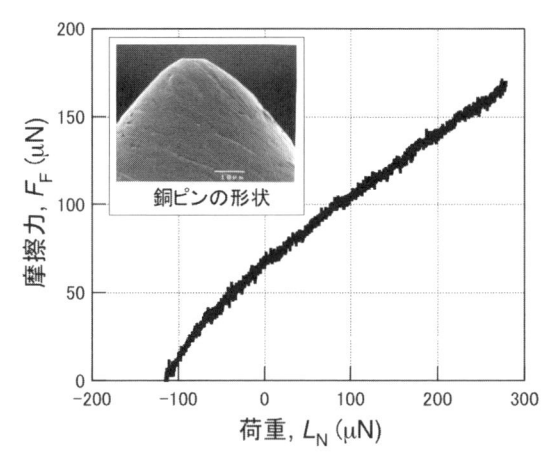

図 2.15 荷重を減少させながら測定した摩擦力と荷重の関係（先端が平坦な銅ピンとシリコンウェーハ）[7]

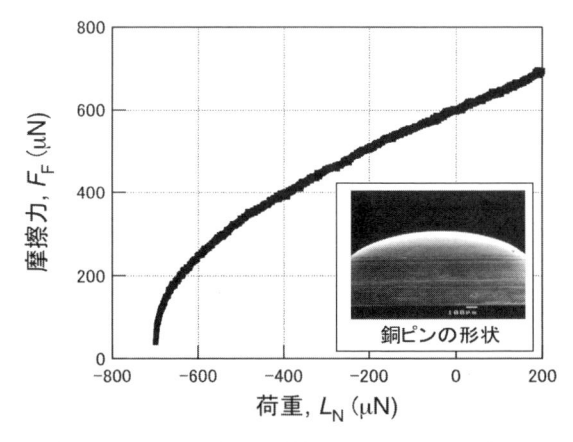

図 2.16 荷重を減少させながら測定した摩擦力と荷重の関係（先端が球面状の銅ピンとシリコンウェーハ）[7]

ンの先端は平坦だったが、それを先端が球面状になっているピンに取り替えると、摩擦力の荷重に対する関係は、図 2.16 のようになる（鋼球の場合とは異なり、この場合は実験終了後に銅ピンの表面を観察し、摩耗痕や堆積物がなく、実験中、球面と平面の接触が維持されていたことを確認している）。図 2.16 を図 2.15 と比較したときに大きく異なる点は、2 つある。1 つ目は、荷重に対する摩擦力の変化がより曲線的になっていること。2 つ目は、摩擦力が 0 になる前に試験片が離れていることである。

摩擦力が実効的な垂直荷重に常に比例するという仮定に基づいて、この違いの理由を説明してみると次のようになる。銅の先端が平面のときには、荷重が変化しても見かけの接触面積が変化しない。そのため、凝着力は荷重によらず一定になり（$L_A = $ 一定）、(2.1) 式より、摩擦力 F_F は荷重 L_N に対して直線的に変化する。それに対して、銅の先端が球面で弾性接触をしているときには、荷重を変化させると接触面積が変化する。凝着力が接触面積によって変化するなら、(2.1) 式で荷重とともに L_A が変化することになり、摩擦力 F_F は直線からは外れるようになる。

（4）JKR 理論

ゴムとガラスを接触させたときに、荷重によって接触面積の変化を表した図 2.4 を見てみると、不思議なことに、図 2.4 の接触円の半径と図 2.16 の摩擦力が似たような曲線を描いている。図 2.16 で測定された摩擦力と JKR 理論の関係を検討するにあたって、まず JKR 理論の詳細を説明する。

弾性体が接触するとき、通常はヘルツの式が使われる。例えば、図 2.17 のように、半径 R_S の球が平面と荷重 L_0 で接触するとき、接触円の半径 a_1 は、次式で与えられる。

$$a_1^3 = \frac{R_S L_0}{K} \tag{2.2}$$

ここで、K は固体の弾性定数とポアソン比より決まる定数で、球のヤング率とポアソン比を E_S と ν_S、平面のヤング率とポアソン比を E_P と ν_P としたときに、

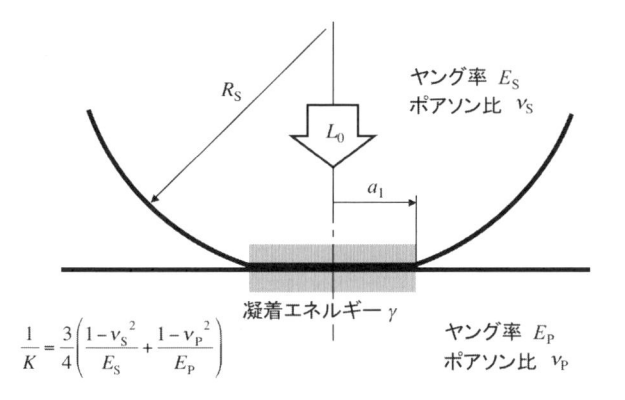

第2章　凝着力が摩擦に与える影響

図2.17　JKR理論では接触面積に比例した凝着エネルギーを仮定している [4]。

$$\frac{1}{K} = \frac{3}{4}\left(\frac{1-\nu_S^2}{E_S} + \frac{1-\nu_P^2}{E_P}\right) \tag{2.3}$$

で表される。(2.2)式に、$L_0 = 0$を代入すると、$a_1 = 0$になるが、ゴムとガラスの実験では、荷重が0のときの接触面積は0より大きく、荷重をさらに下げても離れる瞬間でも、接触面積は0にならなかった。このような現象は、当然ながらヘルツの式では、説明することはできない、そこで、ジョンソンらはヘルツの式に、接触面積に比例した凝着エネルギーを導入した。彼らによると、蓄積された弾性エネルギーU_E、機械的ポテンシャルエネルギーU_M、凝着エネルギーU_Sはそれぞれ次のように表される。

$$U_E = \frac{1}{K^{2/3}R_S^{1/3}}\left(\frac{1}{15}L_1^{5/3} + \frac{1}{3}L_0^2 L_1^{-1/3}\right) \tag{2.4}$$

$$U_M = \frac{-L_0}{K^{2/3}R_S^{1/3}}\left(\frac{1}{3}L_1^{2/3} + \frac{2}{3}L_0 L_1^{-1/3}\right) \tag{2.5}$$

$$U_S = -\gamma\pi\left(\frac{R_S L_1}{K}\right)^{2/3} \tag{2.6}$$

ここで、L_1は見かけのヘルツ荷重、γは単位面積あたりの凝着エネルギーである。トータルのエネルギーU_Tを$U_T = U_E + U_M + U_S$で表したときに、見かけの荷重L_1が変化してもトータルのエネルギーが保存されるため、

$dU_T/dL_1 = 0$ より、見かけのヘルツ荷重 L_1 と接触面積 a_1 はそれぞれ、次のように表される。

$$L_1 = L_0 + 3\pi\gamma R_S + \sqrt{6\pi\gamma R_S L_0 + (3\pi\gamma R_S)^2} \tag{2.7}$$

$$a_1^3 = \frac{R_S}{K}\left\{L_0 + 3\pi\gamma R_S + \sqrt{6\pi\gamma R_S L_0 + (3\pi\gamma R_S)^2}\right\} \tag{2.8}$$

当然のことながら、凝着エネルギー γ が 0 になれば、見かけのヘルツ荷重 L_1 は外力に一致し、接触面積はヘルツの式の接触面積〔(2.2) 式〕に一致する。

ところで、(2.8) 式が実数解をもつためには、(2.8) 式の平方根の中が正である必要があり、それが安定して接触が成り立つ条件にもなる。つまり、接触状態が維持されるのは、

$$L_0 \geq -\frac{3}{2}\pi\gamma R_S \tag{2.9}$$

のときであり、それよりも L_0 が小さくなると球と平面は離れてしまう。したがって、そのときの L_0 が、接触面を引き離すのに必要な力となり、その引離し力 $L_{\text{pull-off}}$ は、

$$L_{\text{pull-off}} = -\frac{3}{2}\pi\gamma R_S \tag{2.10}$$

で表される。

ジョンソンらの実験では、ゴムとガラスを接触させて接触面積を測定し、(2.8) 式が成り立つことを確かめているが、ゴムが金属に置き換わったところで、弾性体であることには変わりはなく、銅とシリコンの接触にも JKR 理論は適用できるはずである。図 2.16 では、摩擦力が 0 になる前に試験片が離れているが、このことは、JKR 理論で接触面積が 0 になる前に離れていることから説明することができる。

図 2.18 は、測定された摩擦力を (2.7) 式の見かけのヘルツ荷重 L_1 で近似した様子を示している。摩擦力は見かけのヘルツ荷重に比例しており、その間の比例定数は約 0.25 になっている。このことからも、球面状の銅とシリコンの接触では、凝着エネルギーが接触面積の影響を受けていることがわかる。

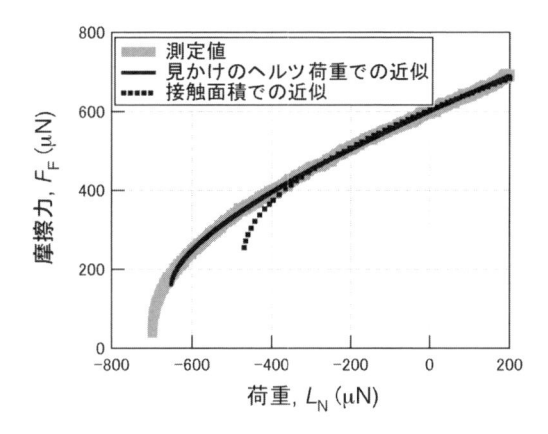

第2章 凝着力が摩擦に与える影響

図 2.18 摩擦力は JKR 理論の見かけのヘルツ荷重に比例する[7]。

なお、摩擦力を（2.8）式の a_1 から求めた接触面積 πa_1^2 で近似すると、曲線をうまく一致させることができない。これは πa_1^2 が、真実接触面積ではなく見かけの接触面積であることを意味している。

これまで、接触面を引き離すときに必要な力（引離し力）が摩擦中に作用している凝着力に等しいと暗黙のうちに仮定していた。しかし、接触部の形状によっては、凝着力は荷重とともに変化して、引離し力に一致しないことがある。球面状の接触部形状もその一例である。球面と平面が接触しているときには、荷重が変化すると弾性回復によって見かけの接触部が部分的に離れ凝着力が変化してしまう。そのため、引離し力からは、ある荷重で摩擦しているときに作用している凝着力を求めることはできない。一方、摩擦力は荷重を加えた状態で測定できるので、摩擦力 ∝ 垂直荷重＋凝着力の関係式から、荷重が加えられているときの凝着力を摩擦力から推定することが可能である。

引離し力（接触面を引き離すときに必要な力）と凝着力（適当な荷重が加えられた接触面を引きつけあっている力）が異なっていると述べると、摩擦の凝着説での凝着力の存在を否定したことが振り出しに戻ってしまったかのように思われるかもしれないが、決してそういうわけではない。ゴムでも銅でも凝着力が働いていれば、弾性回復しても引離し力は検出できるのである。

その反対に、引離し力が検出できないほど小さなときには、押しつけられているときに作用している凝着力は、引離し力の検出限界程度かそれ以下であることになる。いずれにせよ、『引離し力は凝着力に必ずしも一致するとは限らない』ので、厳密には『「引離し力」と「凝着力」を区別する必要がある』ことを確認しておきたい。

2.4 荷重がゼロのときの摩擦力

(1) 凝着力が変化したときの摩擦力

外部から加えられている荷重が0のときには、凝着力だけによって真実接触面積が決定され、その真実接触面積に比例した摩擦力が作用する。このことから、凝着力が作用する面積を変化させれば、摩擦力が変化することが予想される。凝着力が作用する面積を変化させるためには、図2.19のように凝着力の作用する距離よりも深い粗さを表面に付与すればよい。そこで、シリコンウェーハの表面を部分的に削って、凝着力を低下させることを試みた。シリコンウェーハの表面は、元来非常に滑らかであるが、集束イオンビーム (focused ion beam: FIB) 装置を用いて、ガリウムのイオンビームによるスパッタリング加工を行うことで、碁盤の目状に溝を形成した。加工時間を変えることで図2.20のように、溝の深さ（突起の高さ）を変えたパターンを得ることができる。

図2.21は、何種類かの図2.20のようなパターン上で測定した引離し力と溝深さの関係を示している。溝深さが0というのは溝の加工を行っていない平坦な面を意味している。溝深さの増加に伴い、引離し力は最大で1/10まで低下している。図2.21には、同じパターン上で測定した摩擦力の結果も示し

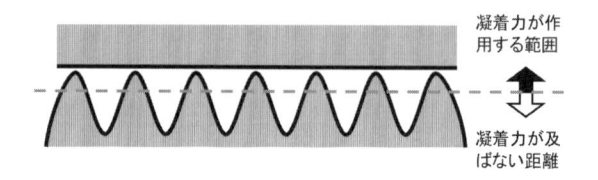

図2.19 粗さを付与することによって凝着力は低下する。

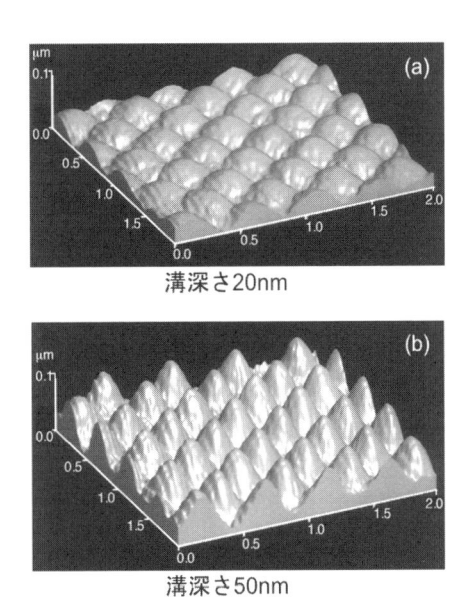

第 2 章　凝着力が摩擦に与える影響　　　*43*

溝深さ20nm

溝深さ50nm

図 2.20　FIB 装置で加工した溝の深さ（突起の高さ）を制御した表面 [8]

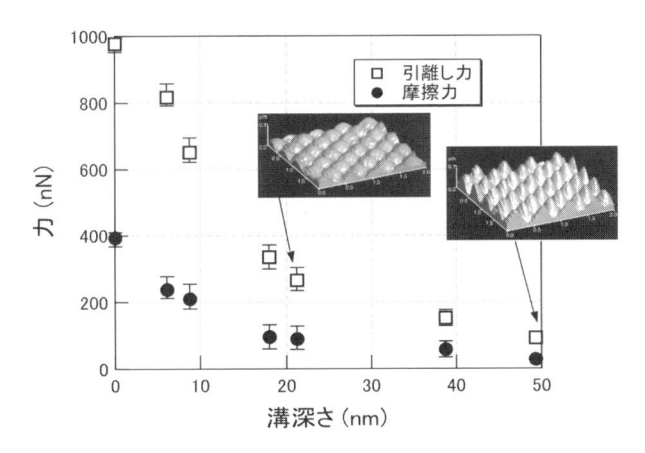

図 2.21　溝が深くなるほど引離し力、摩擦力ともに低下する（溝深さ 0 は、凹凸を加工していない平滑なシリコン面を表す）[8]。

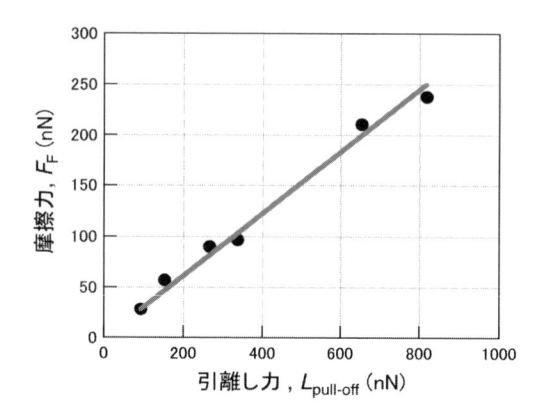

図 2.22 垂直荷重が無視できるほど低いと、摩擦力は引き離し力に比例する [8]。

ている。摩擦力の測定は、5nN 以下の押しつけ荷重で行っている。摩擦力も引離し力と同様に、溝深さとともに低下している。図 2.21 のパターン上で測定された摩擦力と引離し力について、それぞれの関係がわかるようにプロットし直すと図 2.22 のようになる。この図から、摩擦力は引離し力に比例しているといってよさそうである。

「摩擦力 ∝ 垂直荷重＋凝着力」の関係を考えたとき、垂直荷重が 0 であれば摩擦力は凝着力に比例することになる。この測定で用いたパターンの場合、相手側の表面に接触している部分が平坦ではないので、引離し力と凝着力は一致していないかもしれない。しかし、凝着力 ≥ 引離し力なので、常に凝着力 >> 垂直荷重となり、垂直荷重を 0 と見なしてよい。「摩擦力 ∝ 垂直荷重＋凝着力」の関係は、凝着力がほぼ一定のときに、垂直荷重を変化させる実験から求められた。引離し力が凝着力と同程度であるか、凝着力に比例していると仮定すれば、荷重を 0 にして凝着力を変化させた条件でも、図 2.22 から「摩擦力 ∝ 垂直荷重＋凝着力」の関係が成り立つことになる。

ところで、図 2.21 で最も低い摩擦力が測定された表面は最もパターンの凸凹が大きく、最も高い摩擦力が測定された表面はパターンが形成されていない平坦面であった。直感的には、凸凹＝ザラザラで摩擦力が高く、平坦＝ツルツルで摩擦力が低いと感じるかもしれない。実際の結果はその逆で、凸凹の方の摩擦力が低く、平坦な方の摩擦力が高くなっている。その理由は、上

第2章 凝着力が摩擦に与える影響

に述べたとおりであるが、私たちが生活の中の経験から得た摩擦力に関する常識が、マイクロトライボロジーでは成り立たないこともあるのである。

(2) 凝着力が同じでも摩擦力は異なる

荷重が無視できる条件で測定したときに、摩擦力が引離し力（≒凝着力）に比例したことから、「凝着力が直接摩擦力に影響している」、あるいは「凝着をせん断方向に引きちぎる力が摩擦力である」と考える人もいるかもしれない。荷重を変化させたときの実験（図2.10～2.12）から、凝着力の摩擦力への作用の仕方は垂直荷重と同じであることを示してきたが、凝着力の摩擦力への作用が間接的であることを確認するためには、凝着力（引離し力）が同じで摩擦力が異なる例を示すことが早道であろう。

図2.23は、材質の異なる2種類の突起上で測定された引離し力と摩擦力を示している。この測定は、摩擦力と凝着力を2種類の材質で比較することが目的であるので、測定上の誤差を排除するために、プラチナとシリコンのパターンを同じ基板上に作製した。具体的には、FIB装置のプラチナデポジション（堆積）機能を利用して、基板の一部分にプラチナの膜を作製し、その膜に対してシリコンと同じ加工を行い、周期的な突起を作製した。同じ基板上に隣接して材質の異なる2種類のパターンを用意することで、測定感度とプローブの表面状態を同じにして、純粋に材質の違いを比較した結果を示

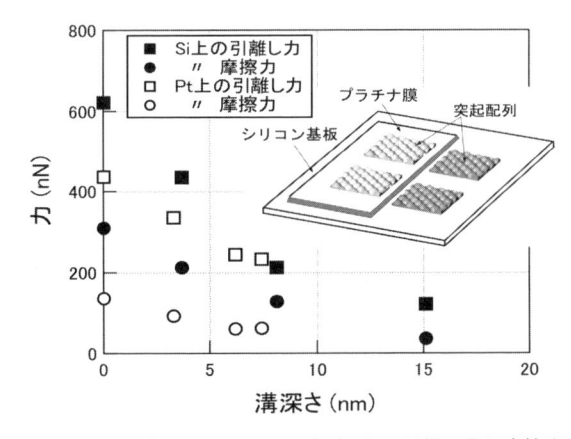

図2.23 プラチナ（Pt）上とシリコン（Si）上の引離し力と摩擦力の比較 [9]

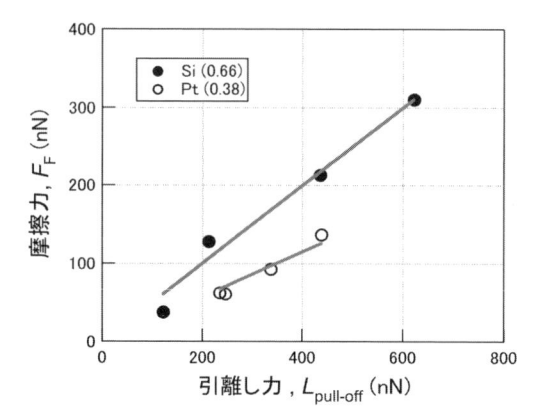

図 2.24　材質が違えば、引離し力（凝着力）が同じでも摩擦力は異なる [9]。

している。プラチナとシリコンのいずれのパターン上でも、溝深さの増加に伴い引離し力、摩擦力がともに減少している。同じ溝深さで比較を行うと、シリコンよりもプラチナの方が摩擦力、引離し力ともに低くなっており、それぞれの比を比較すると、摩擦力の方が材質による差が大きく現れている。

図 2.24 は、摩擦力を引離し力の関数としてプロットした結果である。摩擦力はどちらの材質でも引離し力にほぼ比例しており、引離し力に対する傾きを比較すると、プラチナが 0.38 で、シリコン（0.66）の 6 割程度になっている。垂直荷重が 0 なので、引離し力≒凝着力＝実効的荷重と考えれば、引離し力に対する傾きは摩擦係数に相当する。材質によって摩擦係数がなぜ異なるかについて、ここではその理由の考察を行わない（第 4 章で、摩擦係数と材料の組合せの関係ついて検討している）。しかし、引離し力の大きさが同じでも摩擦力が異なることから、図 2.14 のモデルの妥当性と、凝着力が摩擦力の直接の原因でないことを確認できた。

（3）微小荷重下の摩擦法則

凝着力がほぼ一定の条件で垂直荷重を変化させる実験、垂直荷重を 0 にして凝着力を変化させる実験から、「摩擦力 ∝ 垂直荷重＋凝着力」であることがわかった。接触部の形状によって当てはまらないこともあるが、引離し力

を測定することで、凝着力のおおよその値を知ることができる。摩擦力に対する影響という観点からは、凝着力と垂直荷重の間に差異はない。

　微小荷重下の摩擦では、垂直荷重と凝着力の和によって真実接触面積が決定され、真実接触面におけるせん断抵抗が摩擦力を決める。プラチナとシリコンの摩擦力の比較からは、材質によってせん断抵抗が異なることが確認された。このように考えていくと、凝着力の影響が無視できない条件の摩擦も、垂直荷重が凝着力よりも十分に大きな摩擦も本質的な違いはない。「摩擦力が垂直荷重に比例する」というアモントン・クーロンの摩擦法則が、微小荷重下の摩擦では一見破綻してしまっているように見えるが、凝着力（引離し力）を考慮さえすれば、アモントン・クーロンの摩擦法則は、マイクロトライボロジーの世界でもやはり成り立っているのである。

■ユニバーサルタイトル

　学会の研究集会における研究成果の発表は、申込み－予稿の執筆－発表の順番で行われる。それぞれの間は、通常2ヶ月くらい空いているので、最新のデータを発表しようとすると、データが揃っていない状態で、タイトルを決めて申し込むことになる。あるとき、国際会議で"Decrease of friction coefficient…"というタイトルで申し込んだことがある。ところが、予備的な実験では現れていた摩擦係数の減少が再現されず、タイトルに合う結果を得るためにかなり苦労した。それ以来、万全とはいえない準備状況で申し込むときには、具体的なタイトルは避けるようになった。ただ、あまり漠然としていると、「解説」のようなタイトルになってしまうので、具体的な用語を入れることにしている。例えば、「微小荷重下の摩擦力測定」とはしないで、そこに「AFMを用いた」とか「マイクロトライボテスターによる」などをつけると、グッと研究発表会でのタイトルらしくなる。

　自分では、これを「ユニバーサルタイトル」と呼んでいるが、ユニバーサルタイトルのメリットは実験内容がはっきりしていなくても、申込みができること、締切りを自らに課すことで、自分の尻を叩けることである。デメリットは、タイトルにインパクトがなくなる上、ユニバーサルタイトルが続くと、後でタイトルを見ても内容が思い出せないことである。

第3章

凝着力とは何か
―小さな水の大きな力―

3.1 凝着力の正体

　前章では、滑らかな表面が接触しているときには、接触面に弱い凝着力が作用していて、荷重が低いときには、それが摩擦力に影響を与えることを示した。ここでは、凝着力として固体表面間に作用する可能性のある4種類の力についてまず取り上げ、それぞれが低荷重の摩擦力に影響を与える可能性について検討してみる。

(1) 原子の化学的な結合力

　原子的なレベルで見ても平滑な表面が汚れや酸化膜で覆われていなければ、それらの面を接触させたときの凝着力は、その材料の引張り強度と同程度になるかもしれない。しかし、金属表面を考えたとき、表面には酸化膜が通常形成されていて、化学的な結合は起こりにくい。酸化膜を除去すれば化学的な結合が生じると考えられるが、そのためには、超高真空中でスパッタリングなどによって、表面の酸化膜や吸着層を除去する必要がある。実際にそのような処理を行うことで、結合に対して活性な面が現れ、除去前と比較して引離し力が2～10倍程度増加することが報告されている[1]。このような状況では、確かに化学的な結合が生じていると考えてよいだろう。

　摩擦の凝着説では、このような原子的な結合に起因する凝着力が、摩擦力

の直接的な原因であるとされている。しかし、大気中の摩擦に関していえば、特に荷重が低いときには、摩耗はわずかで、活性な面は現れにくい。仮に現れたとしても、一瞬で気体が吸着してしまう。実際に、凝着力が生じていた鋼球の表面は、酸化した摩耗粉が堆積していて、新生面は見られない（図2.8）。また、摩擦後の凝着力が、時間が経っても変化しなかったことからも、活性な原子が結合に寄与しているとは考えられない。したがって、第2章で紹介したような凝着力が、原子的な結合力によって発生している可能性は低く、低荷重の摩擦に影響を与える凝着力の原因としては別の力を考えなければならない。

(2) 静電気力

接触面に電位差があれば静電気力が作用する。例えば、図 3.1 のように面積 S の平行平板間が距離 d を隔てて向かい合っているとき、平板間に電位差があると両者の間には、静電引力 F_{ES} が作用する。例えば、面積 $S = 1\,\mathrm{mm}^2$ の平面が、距離 $d = 10\,\mathrm{nm}$ だけ離れて向かい合っているとき、そのときの静電引力は、電位差 $V = 10\,\mathrm{mV}$ で約 $F_{ES} = 4\,\mathrm{\mu N}$、$V = 1\,\mathrm{V}$ で $F_{ES} = 40\,\mathrm{mN}$ になる。また、絶縁体を摩擦したときには、それぞれの物質が帯電し、同じように静電引力が作用する。しかし、実際のところは、わずかな距離を隔てた平板間で、どれだけの電荷が残っているか、あるいはどれだけ大きな電位差が維持されるかについて、確認することは難しい。電界の強さが大きくなると、放電が起きる可能性もあるし、放電が発生しなくても電荷は徐々に逃げていく。しかし、いったん静電気が発生すると、かなり大きな力になることは、冬場

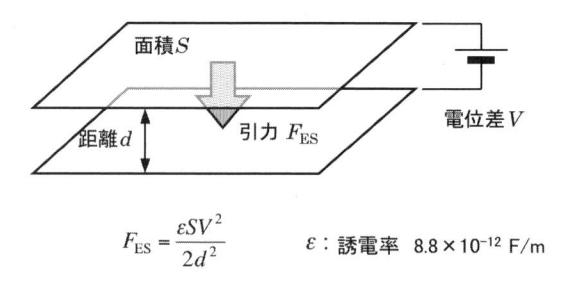

$$F_{ES} = \frac{\varepsilon S V^2}{2d^2} \qquad \varepsilon：誘電率\ \ 8.8 \times 10^{-12}\,\mathrm{F/m}$$

図 3.1　平行平板間に作用する静電引力

にセーターを脱ぐときの貼りついた感じや、子供の頃に下敷きで髪を逆立てたような経験から、直感的に理解できる。

静電気力が凝着力として作用するかどうかを考えるときには、電荷が安定して存在できるかどうかが1つの鍵になる。導電性のある金属やシリコンが接地されているような場合には、電荷は物質の中を通って消散していく。また、特に湿度がある大気中（例えば湿度の高い夏場など）では、電荷が保持されにくく、静電気力が働かないことは、経験的に知っている。

第2章に述べた実験の例についていえば、導電性の材料であること、試験片が金属製の板ばねを経由して接地されていた（電位差≒0）ことから、静電気力が凝着力として作用していた可能性はほとんどない。また、凝着力が安定して作用していたことからも、そのことが推察できる。

【静電気はやっかい】

絶縁性の試験片を用いて実験を行うとき、あるいは導電性であっても試験片が接地されていないときには、静電引力が作用することがある。そのような場合、試験片を近づけていくときに、板ばねがたわんで試験片が引き寄せられる様子が観察される。あるいは、AFMを用いて、連続して引離し力を測定するときに、最初の1～2回だけ、3回目以降に比較して、極端に大きな引離し力が現れることがある。静電気力が発生すると、ファンデルワールス力や表面張力による凝着力を測定することが、極端に難しくなる。

このような静電気力は、摩擦することでも発生するが、例えば空気の流れによっても発生することがある。湿度を制御するために、引離し力を測定する測定装置を箱で覆い、そこに乾燥空気を流し込んだときに、静電引力が作用することを経験したことがある。静電気は、固体同士が摩擦されるときだけに帯電するのではなく、空気の流れによっても帯電する。その実験では、ガラスを試験片として使っていたため、接地することができなかった。試験片に直接当たらないように空気の流れを変えたりする方法もあったはずだが、そのときは思いつかなかった。結局、試験片の近くで放電を発生させ空気をイオン化して、何とか測定を行うことができた。

---

(3) 凝縮した液体の表面張力

固体同士が接触したときには、接触面には非常に小さな隙間ができる。親水性表面が接触しているときには、図3.2のように、その隙間に水が凝縮し、その水の架橋に作用する表面張力によって、それぞれの表面は引きつけ合う。

52　　　　　　　　　　第 3 章　凝着力とは何か

・・・・・ 表面張力は円周の表面に沿って作用する

▬▬ ラプラス圧力は円の面積に作用する

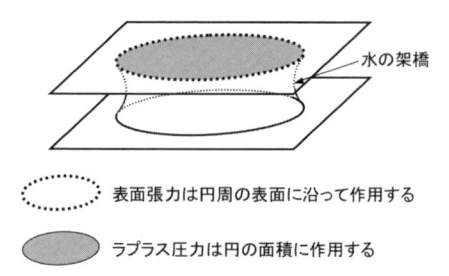

図 3.2　水の表面張力の直接的な作用と圧力低下（ラプラス圧力）による力

このときの凝着力は、水の架橋の表面に沿って作用する表面張力と、水の架橋内部の圧力が低くなることによって生じる力の両方によって決まる。隙間が狭くなり、水の架橋が小さくなると、圧力低下の効果が支配的になる。第 2 章で述べた実験では、この表面張力に起因する凝着力が支配的であったと

【表面張力と表面エネルギー】

　表面張力も表面エネルギーも物性値である。表面張力は、表面に沿って働き、単位長さあたりの力になるために、単位は N/m になる。一方、表面エネルギーは、ことばのとおり単位面積あたりのエネルギーなので、単位は J/m² になる。これを換算すれば、N/m になるので、単位を比較すると、表面張力も表面エネルギーも同じになる。

　表面張力と表面エネルギーが、同じ次元になることについては、次のように考えると理解しやすい。図のように γ_L の表面張力が作用している表面を広げることを考えてみる。長さ w の辺を引っ張るには、$\gamma_L w$ の力が必要で、それを距離 l だけ動かしたときの仕事は、$\gamma_L w l$ になる。このとき、もとの表面は $\gamma_L w l$ の仕事をされているので、その分表面エネルギーが増加していることになる。一方、面積の増加量は wl なので、新しく生まれた斜線で示した面での単位面積あたりのエネルギーは $\gamma_L w l / w l = \gamma_L$ ということになり、表面張力に一致する。

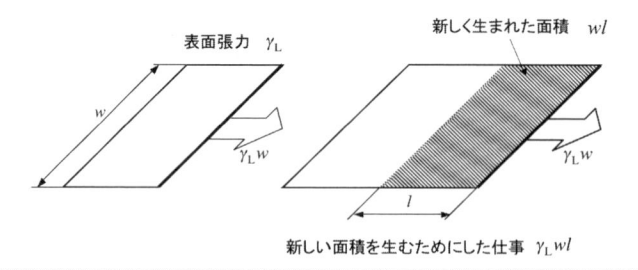

表面張力 γ_L　　　　　新しく生まれた面積 wl

$\gamma_L w$　　　　　　　　　　　　　　$\gamma_L w$

l

新しい面積を生むためにした仕事 $\gamma_L w l$

考えられているが、表面張力による圧力低下（ラプラス圧力）については、次節で詳しく説明する。

（4）ファンデルワールス力

ファンデルワールス力は分子を凝縮させる力としてよく知られている。アルゴンのような中性の原子でも、原子の中には原子核と電子があり、それぞれ正と負の電荷をもっている。そのような原子が近づくと、それぞれの間に相互作用が生じて、原子内のエネルギーが変化するために、結果的に原子間に引力が作用する。電荷が固体表面にトラップされないと作用しない静電気力とは異なり、どのような物質の間にもこの力は作用する。もちろん、このファンデルワールス力は固体の表面間にも作用する。

固体の表面間に作用する非遅延ファンデルワールス力は、図 3.3 のように表される。球面と平面の場合は距離の 2 乗に反比例し、平面間に作用するときは距離の 3 乗に反比例する。A は Hamaker 定数と呼ばれる定数で、溶融石英では約 $6×10^{-20}$ J、金や銅などの金属の場合には $30〜50×10^{-20}$ J になると計算されている。他の固体の Hamaker 定数も、おおむね $10^{-20}〜10^{-19}$ J の範囲にある。

固体が接触しているときに、ファンデルワールス力を見積もろうとした場

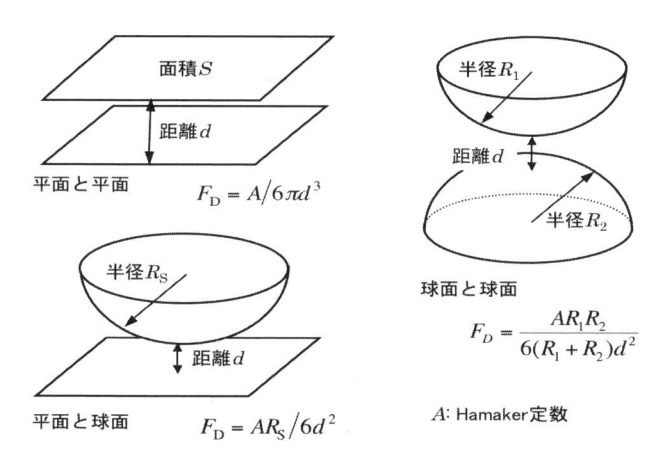

平面と平面　$F_D = A/6\pi d^3$

平面と球面　$F_D = AR_S/6d^2$

球面と球面　$F_D = \dfrac{AR_1 R_2}{6(R_1 + R_2)d^2}$

A: Hamaker 定数

図 3.3　表面間に作用するファンデルワールス力[3]

合、どの程度まで固体が接近しているかを知る必要がある。しかし、それを正確に知ることはとても難しいので、通常は、表面がある距離以下にはならないというカットオフ距離を設定する。このカットオフ距離としては、0.15 nm が使われる場合が多い。そこで、0.01 mm² の接触面積のときに、d としてこのカットオフ距離（0.15 nm）を仮定して、ファンデルワールス引力を計算すると、金属（$A = 40×10^{-20}$ J）の場合、約 60 N にもなる。しかし、実際には表面粗さがあるため、接触面全面にわたってこのカットオフ距離を仮定することには問題があるだろう。仮に $d = 10$ nm になると、同じ面積でも、ファンデルワールス力は 0.2 mN まで低下する。第 2 章の実験の場合、接触面にナノメートル程度の粗さがあるため、ファンデルワールス力の摩擦力への影響は限定的かもしれない。

3.2 ラプラス圧力の作用

(1) MEMS での問題

ラプラス圧力を理解するのに、MEMS（micro electro mechanical systems）を作製するときに問題となるスティクションと呼ばれる現象が大いに参考になる。第 1 章で説明したように MEMS の作製過程では、動く部分を実現するために、部品の下側をウェットエッチングによって溶かす必要がある。例えば、矩形の構造体の下側を部分的に溶かせば、上下に弾性変形するカンチレバー（片持ち梁）が出来上がる（このカンチレバー自体は自分で動くことはできないが、カンチレバーの上に PZT（lead zirconium titanate）の膜をつけるか、基板とカンチレバーの間に静電気力を働かせるようにすれば、例えば小さなミラーになる）。

ガラスや SiO₂（酸化シリコン）層の上にある構造体を、フッ酸を用いたウェットエッチングによって、基板から部分的に切り離した後、フッ酸を水で洗い流す。その水を乾燥させる過程で、水の表面張力によって構造体が基板などにくっつく現象がスティクションである。いったんスティクションが発生し、構造体が基板に固着してしまうと、引き離すのには大きな力が必要で、無理に力を加えて引き剥がそうとすると構造体が壊れてしまうことさえあ

る。そこで、ウェットエッチングの後に、スティクションが発生しないように、水を取り除いて乾燥させる方法に関して、様々な方法が提案されている。

(2) スティクションを発生しやすいマイクロ構造体の形状

図 3.4 のようなカンチレバーを不用意に乾燥させると、基板とスティクションを起こしてしまうことがある。このときに水が乾燥する様子を観察すると、最後にはカンチレバーの先端部の下に水の架橋ができる（図 3.5）。このとき水の表面張力によって発生する力が、カンチレバーの弾性回復力を上回れば、カンチレバーの先端が基板に接触し、そのまま乾燥させるとスティクションが生じる。

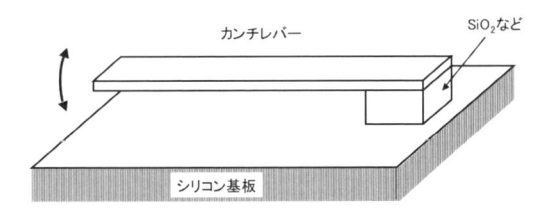

図 3.4 シリコン基板上に作製したカンチレバー

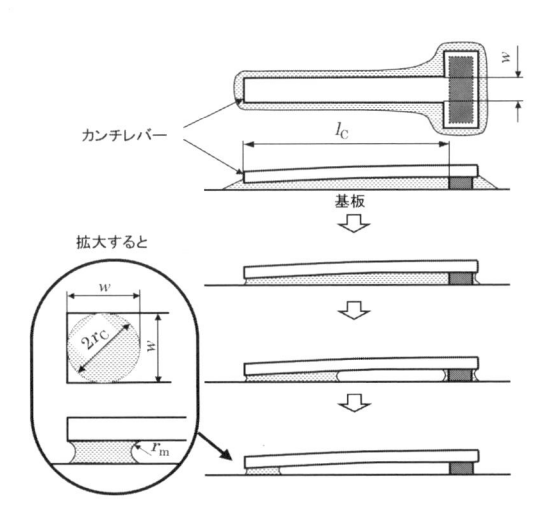

図 3.5 カンチレバーと基板の間から液体が乾燥していく様子 [4]

液架橋がカンチレバーの先端からなくなる直前の液架橋の大きさから、カンチレバーのサイズによってスティクションの発生のしやすさがどう変化するかを検討してみる。カンチレバーの幅をwとしたときに、カンチレバーと基板との間に形成される液架橋の大きさは、カンチレバーの幅と等しくなり、液架橋の半径をr_cとすれば、$2r_c = w$で表せる。このとき、表面張力γ_Lは液架橋の外周（$2\pi r_c$）に沿って働くので、表面張力γ_Lの直接的な寄与による引張り力は、

$$F_S = 2\pi\gamma_L r_c \tag{3.1}$$

で与えられる。ところで、このような液架橋を横方向から観察すると、液架橋の壁面が内側に窪んでいる。この窪み（メニスカス）の曲率半径をr_mで表すと、液架橋の内部にはγ_L/r_mで表される圧力（ラプラス圧力）が作用する。このラプラス圧力分だけ圧力が低くなることによっても、カンチレバーは基板方向に引っ張られることになる。液架橋を基板に対して垂直方向から見た面積はπr_c^2で、この面積にラプラス圧力が作用するので、ラプラス圧力による引っ張り力F_Cは次式で与えられる。

$$F_C = \pi\gamma_L r_c^2 / r_m \tag{3.2}$$

これらの2種類の引っ張り力F_S、F_Cとカンチレバーの弾性回復力F_Eを比較してみる。カンチレバーの長さをl_cとすると、F_Eは、

$$F_E \propto w/l_c^3 \tag{3.3}$$

で与えられる。F_S〔(3.1)式〕、F_C〔(3.2)式〕とF_Eとの比は、$w = 2r_c$の関係を使って、それぞれ次のように表される。

$$F_S/F_E \propto \pi\gamma_L l_c^3 \tag{3.4}$$

$$F_C/F_E \propto \pi\gamma_L w l_c^3 / 4r_m \tag{3.5}$$

それぞれの絶対値が大きいほど、表面張力による直接的な力、あるいはラプラス圧力の作用が弾性回復力を上回る機会が増し、スティクションが発生しやすいことになる。F_SとF_Cのいずれの力が支配的でも、γ_Lが大きいほど、またl_cが長いほどスティクションは発生しやすい。これは、直感的にもわかりやすい。

カンチレバーの幅wについてみると、(3.4)式よりF_S/F_Eはwとは無関係である。したがって、表面張力の直接的な寄与による力（F_S）がラプラス圧

【ラプラス圧力と風船】

ラプラス圧力は、次のように求めることができる。曲率半径 r_m の円筒面に沿って単位幅あたり γ_L の力が作用していると、円筒面の内側に向かって力が働く。基準となる線から中心角 $\Delta\theta$ だけ離れたところで作用する力は、$\gamma_L \sin\Delta\theta$ で表され、$\Delta\theta$ が十分に小さければ、$\gamma_L \Delta\theta$ で与えられる。この力が、$r_m \Delta\theta$ の面積に作用しているので、単位面積あたりに作用する力は次のようになり、円筒の曲率半径に反比例することになる。

$$\gamma_L \Delta\theta / r_m \Delta\theta = \gamma_L / r_m$$

直感的にラプラス圧力を理解するには、ゴム風船を考えてみるとよいだろう。大道芸人が犬やウサギの人形を作るのに使う細長いゴム風船がある。膨らませていない状態の直径は 1cm ほどであろうか。この風船を買ってきて、口で息を吹き込んで膨らまそうとするとかなり難しい。風船の大道芸を披露しようとしたら、まずこの関門をクリアしなければならないのだろうが、その必要がなければ、ポンプを使って膨らませればよい。

このような、細長い風船を膨らませるときに、高い圧力をかける必要があるのは、ゴムの張力によって内向きに高い圧力が発生するからである。ラプラス圧力の式を風船にあてはめてみると、ゴムの張力が同じときには、内向きに発生する圧力は半径が小さいほど高くなる。大きな風船になると、風船を膨らますのに必要な圧力は、風船の半径に反比例して低くなる。そのため、大きな風船はゴムが厚くても、ポンプを使わずに簡単に膨らませることができる。

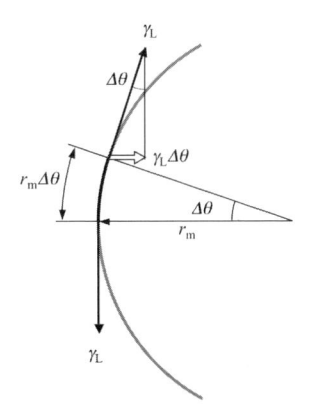

力による力 (F_C) よりも十分に大きければ、F_S/F_E だけを考えればよいので、w はスティクションの発生に影響を与えない。ところが、その逆にラプラス圧力による力が無視できない場合は、F_C/F_E が重要になる。その場合、(3.5)式より w が増加するほど F_C/F_E が増大し、ラプラス圧力による力がカンチレバーの弾性回復力を凌駕するようになる。つまり、r_m がカンチレバーの幅 w (＝液架橋の直径) に比べて十分に小さい ($r_m \ll w$) ときは、カンチレバーの幅が大きいほどスティクションが発生しやすいことになる。

(3) ラプラス圧力と表面張力の比較

ラプラス圧力を考慮すると結果的にカンチレバーの幅が広く剛性が高いほどスティクションが発生しやすいことになるのだが、これは、にわかには信じにくいかもしれない。そこで、カンチレバーの幅をパラメータにとり、長さを変化させたときに、どの長さまでスティクションが発生しなかったかを実験的に調べた報告があるので、その結果を見てみよう。図 3.6 は、乾燥方法の違いによるスティクションの発生のしやすさを比較している。水が乾いていく過程では、カンチレバーの幅が広いほど、スティクションが発生するカンチレバーの長さが短くなる。水をアルコールで洗い流し、残ったアルコールを蒸発させると、アルコールの表面張力は水よりも低いために、スティクションが発生するカンチレバーの長さは長くなるが、やはり幅が広いほど

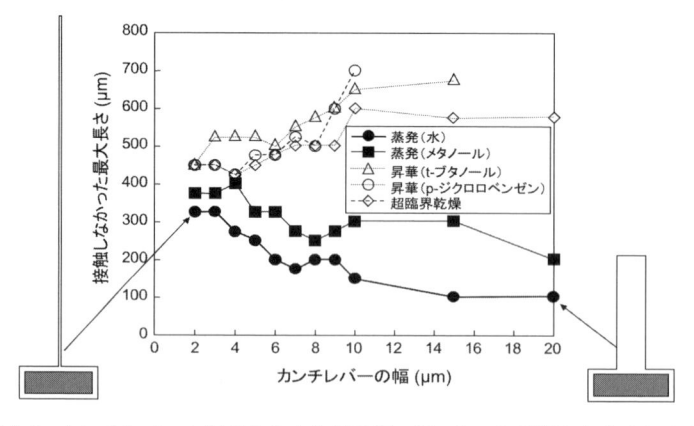

図 3.6　カンチレバーの幅が大きくなるほど、短いものも固着しやすくなる [4]。

第3章　凝着力とは何か

スティクションは発生しやすい。なお、t-ブタノール（融点25℃）などを用いて、凍結させた状態から昇華によって乾燥させた場合には、表面張力（F_S）やラプラス圧力による力（F_C）がスティクションの原因にはならないので、カンチレバーの幅が増加しても、スティクションが発生しやすくなることはない（逆に、カンチレバーの剛性が増加するためか、スティクションは発生しにくくなっている）。

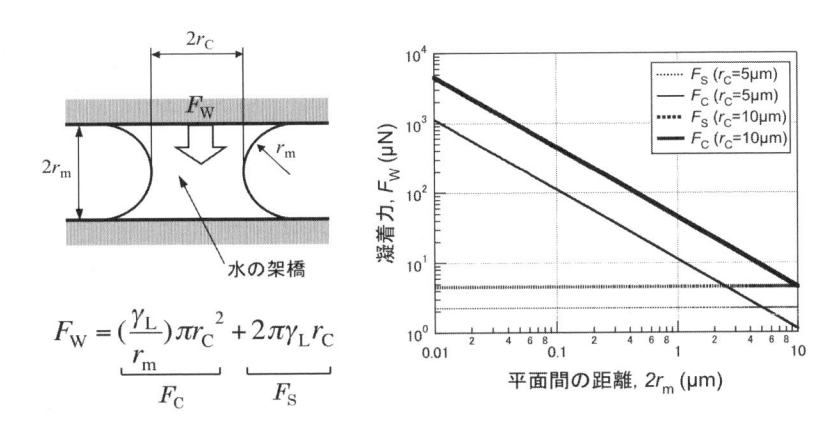

$$F_W = \left(\frac{\gamma_L}{r_m}\right)\pi r_C^2 + 2\pi\gamma_L r_C$$

　　　　　　F_C　　　　F_S

図3.7 水の表面張力の直接的な力（F_S）とラプラス圧力による力（F_C）の比較

カンチレバーと基板の間隔を変化させたときに、その間に形成された水の架橋による力を計算してみると、図3.7のようになる。例えば、水の架橋の半径r_Cが5μmの場合には、カンチレバーと基板との距離$2r_m$が5μm以下になると、ラプラス圧力による力F_Cが、表面張力による直接的な力F_Sを上回る。r_Cが10μmの場合、$2r_m$が1μmになると、F_CはF_Sの10倍になる。図3.6に示したスティクションの実験では、カンチレバーと基板の間隔は2μmだったので、カンチレバーの幅が広いときは、F_Cが支配的になっていたことがわかる。したがって、幅が広くなるほどスティクションが発生しやすいという実験結果から、ラプラス圧力の存在を確かめることができたことになる。

(4) ラプラス圧力の計算

MEMSの製造プロセスで問題となったスティクションは、水などの液体が

乾燥する過程で発生した。このスティクションの原因となったラプラス圧力は、大気中で接触している表面間にも働いている。ラプラス圧力が発生する条件として、まず接触部の周りに水がある必要がある。雨の日のガラス窓の表面のように、壁面の温度が露点以下になっていれば、水が凝縮する。ところが、相対湿度が 100％よりもはるかに低く、固体表面の温度が雰囲気の温度と同じでも、固体表面に狭い隙間があれば、その隙間に水が凝縮する。

液体の表面が曲率をもつとき、そのメニスカスの液面の飽和蒸気圧 p は、平面の飽和蒸気圧とは異なり、小滴の表面では平面の飽和蒸気圧 p_s よりも高く、窪んだメニスカス液面では p_s よりも低くなる。図3.8のように、隙間に凝縮した水の表面は凹型になっているため、大気中の水が飽和蒸気圧に達していなくても（つまり相対湿度が 100％に達していなくても）、液面では平衡状態となり、凝縮水は安定して存在することができる。メニスカスの曲率半径 r_m（ケルビン半径）とその液面上での飽和蒸気圧 p の関係は、ケルビンの式によって、次のように表される。

$$ln(p/p_s) = -\frac{2\gamma_L M}{\rho r_m RT} \tag{3.6}$$

ここで、R は気体定数、T は絶対温度、M、ρ はそれぞれ水の分子量と密度を表す。20℃の水の場合は、$\gamma_L M/\rho RT = 0.54\,\mathrm{nm}$ になる。また、(3.6) 式は相対湿度とメニスカスの曲率半径の関係も表している。つまり、p/p_s は相対湿度に相当する。(3.6) 式を用いれば、ある相対湿度のときに、平衡状態となるメニスカスの曲率半径を求めることができる。

図 3.8 のように、曲率半径 R_S の球面状の突起が平面と接触しているとき、

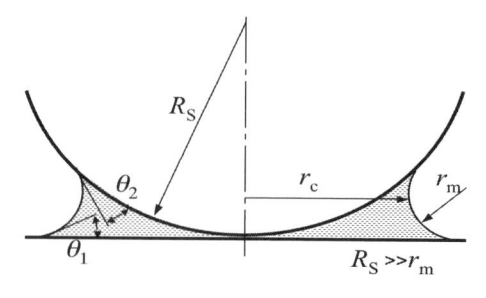

図 3.8　球面状の突起と平面の間に凝縮によって形成される水の架橋

$R_s \gg r_m$ であれば、(3.6) 式から r_m を計算することができる（図 3.9）。例えば、相対湿度が 80％では r_m=5nm、50％で r_m=1.6nm、10％で r_m=0.5nm となる。水分子数個分の大きさの 0.5nm という値をそのままメニスカスの曲率半径と考えるわけにはいかないだろうが、ケルビンの式〔(3.6) 式〕は、メニスカスの曲率半径のおおよその目安を与えてくれるとともに、低い相対湿度でも隙間には水が安定して存在できることを示している。つまり、接触部近傍のケルビン半径以下の隙間には、水が凝縮しているのである。

ここで、もう一度ラプラス圧力を思い出してみると、図 3.8 の凝縮水内部の圧力は、γ_L/r_m だけ大気圧より低くなっている。この圧力に、凝縮水が表面を覆っている面積を乗算すると、ラプラス圧力によって生じる凝着力 F_C（$=F_W$）が求められる。まず、水の架橋と球面状突起、水の架橋と平面との接触角をそれぞれ θ_1、θ_2 とすると、水の架橋の半径 r_C は幾何学的に次式で与えられる。

$$r_C^2 = 2R_s r_m (\cos\theta_1 + \cos\theta_2) \tag{3.7}$$

液架橋の投影面積は、πr_C^2 で与えられるので、凝着力は結局次のようになる。

$$F_W = 2\pi R_s \gamma_L (\cos\theta_1 + \cos\theta_2) \tag{3.8}$$

ここで、ケルビンの式〔(3.6) 式〕から求められる r_m が (3.8) 式に含まれていないことに注目して欲しい。ケルビン半径は湿度によって変化するが、(3.8) 式には r_m が含まれていないので、球面と平面が接触しているときの

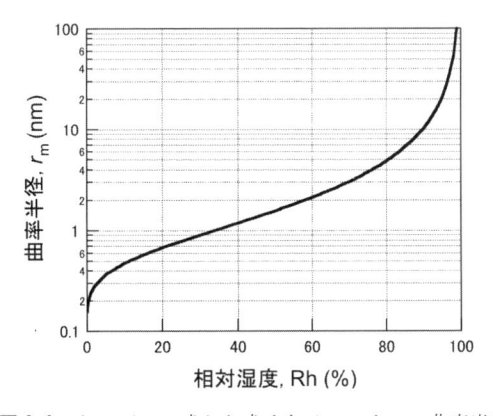

図 3.9 ケルビンの式から求めたメニスカスの曲率半径

凝縮水による凝着力は、湿度によらず一定ということになる。

(5) 凝着力の測定によるラプラス圧力の確認

接触した突起の周りにナノメートルサイズの液架橋が形成されているかどうかを観察して確かめることはかなり困難である。しかし、凝着力へのラプラス圧力の寄与については、特殊な形状パターンを用いた引離し力測定によって、間接的に確かめることができる。

第2章で凝着力を低下させるのに用いたパターン上で測定される引離し力について考えてみる（図 3.10）。図(a)に示すように、先端が球面状の突起が等間隔に並んでいるところに、やや傾けた平坦面を接触させる。ラプラス圧力が凝着力に対して支配的だと仮定したとき、湿度を変化させてこのような突起配列と平坦面の間の引離し力を測定すると、次のような結果が予想される。

① 突起の1つと平面の間に形成される水の架橋のサイズは、ケルビンの式〔(3.6) 式〕に従い、相対湿度の増加とともに大きくなる。しかし、それを打ち消すようにラプラスは低下するため、結局突起1つあたりの凝着力は湿度によらず一定になる。〔(3.8) 式〕

② 突起の先端の高さは正確に一定ではないため、他よりわずかに高い突起があれば、水の架橋はその突起だけに形成される。すなわち、凝着力の作用する突起数は通常は1つになる。しかし、隣り合う突起の高さが同じときには、水の架橋が形成される突起数は2つになる。

③ 周期的突起配列上で平坦面を移動させながら測定すると、2点に水の架橋が形成されたときは、1点の場合の2倍の引離し力が測定される。

④ 相対湿度が増加して、ケルビン半径が大きくなると、それまでわずかに離れていたため、水の架橋が形成されなかった突起の先端にも水が凝縮するようになるため、2つあるいは3つの突起で凝着力が作用する機会が増加する。

図 3.10(a)のように平坦面を周期的突起に押し当て、突起表面に沿って平坦面を少しずつ移動させながら引離し力を測定した結果を図(b)に示す。図(b)は、どの程度の大きさの引離し力がどのくらいの頻度で測定されたか、す

第3章 凝着力とは何か

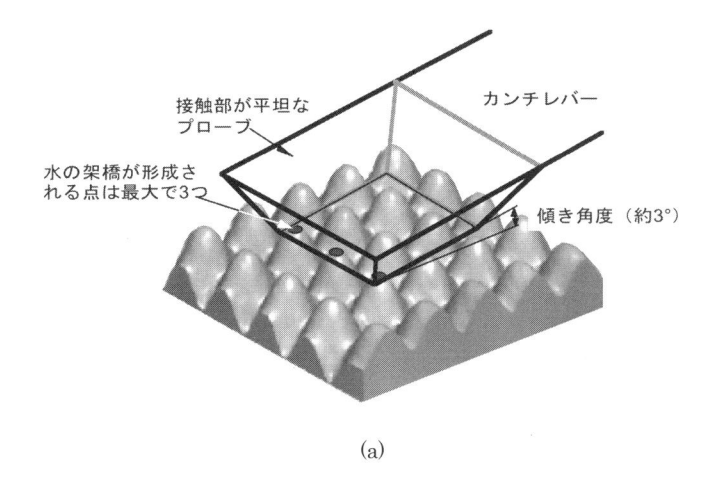

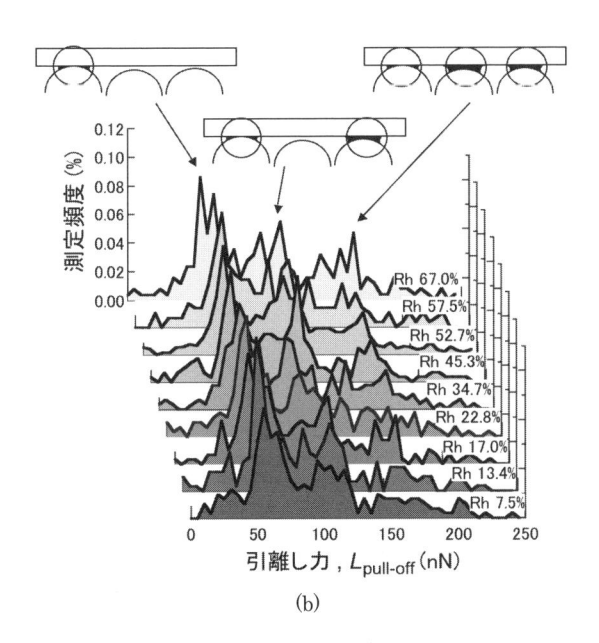

(a) カンチレバー / 接触部が平坦なプローブ / 水の架橋が形成される点は最大で3つ / 傾き角度（約3°）

(b) 測定頻度 (%) / 引離し力, $L_{\text{pull-off}}$ (nN) / Rh 67.0%, Rh 57.5%, Rh 52.7%, Rh 45.3%, Rh 34.7%, Rh 22.8%, Rh 17.0%, Rh 13.4%, Rh 7.5%

図 3.10 周期的突起配列上で引離し力を測定することで、ラプラス圧力が凝着力に対して支配的に作用していることが明らかになる [5]。(a) 周期的突起と平坦なプローブの間に水の架橋が形成される様子、(b) 周期的突起配列上で測定された引離し力の度数分布。

なわちヒストグラム（度数分布）を示している。図(b)を見ると、60 nN 程度の引離し力が測定される頻度が極めて高いことがわかる。ただし、その 3 倍程度の引離し力が測定されることもある。相対湿度が高いときの引離し力を見てみると、60 nN 付近のピークは相対湿度が低いときと同様に顕著であるが、120 nN、170 nN 付近にもピークが現れている。特に、相対湿度が高くなるほど、120 nN、170 nN 付近のピークが明瞭に確認できるようになる。

先に示した①〜④の仮説を踏まえて図(b)の測定結果を見てみると、相対湿度が変化しても 60 nN のピークがほとんど移動していない（引離し力の最頻値の値が一定である）ことから、①の仮説が正しいことがわかる。高い相対湿度で現れた 2 番目と 3 番目のピークの引離し力の値（120 nN と 170 nN）が、1 番目のピーク（60 nN）の倍数にほぼ等しいことから、②と③の仮説が正しいことが示されている。また、2 番目と 3 番目のピークが、高い相対湿度で現れたのは、④のような状況が生じたためと考えられる。

このような測定から、水の架橋内部に作用するラプラス圧力が凝着力の大きな要因になっていることを間接的に確認できたことになる。また、図(b)の各湿度において測定された引離し力をそれぞれ平均すると、相対湿度 7.5 % のときの引離し力の平均値は約 95 nN で、67 % では 110 nN であった。したがって、平均の接触点（水の架橋が形成されていた突起数）は、それぞれ 1.6 個（7.5 %）、1.8 個（67 %）と計算され、湿度とともにわずかではあるが増加していたことがわかる。

3.3 凝着力はコントロールできる

（1）尖った突起上では凝着力は低くなる

ここまでの検討で、ラプラス圧力（とファンデルワールス力）が凝着力として支配的に作用していることがわかった。第 2 章では、滑らかな表面に溝を付与し、それを深くすることで、凝着力が低下することを示したが、凝着力の原因が特定されたことで、凝着力を効果的に減少させる形状を検討することが可能になった。そこで、ナノメートルスケールの形状と、凝着力の関係について詳しく検討を行う。

第 3 章　凝着力とは何か

　図 2.20 に示したシリコンの周期的な突起配列は、突起の高さを高くしていくと、突起の先端がだんだん鋭くなっている。つまり、突起先端の曲率半径 R_S が小さくなっていく。最も鋭い突起では $R_S = 85\,\mathrm{nm}$ で、高さが最も低い突起では $R_S = 800\,\mathrm{nm}$ である。そこで、この突起配列上で測定された引離し力を曲率半径に対してプロットすると、図 3.11 のようになる。ラプラス圧力によって発生する凝着力の式 (3.8) によれば、引離し力が曲率半径に比例することになっているが、はたして、このような実験によっても、引離し力が曲率半径に比例することが示された。

　凝着力がラプラス圧力によって生じていることを確認するために、以下に述べるように、ラプラス圧力による凝着力を形状から計算してみる。1 点での接触を仮定し、γ_L として 20℃の水の表面張力を用いたとき、あとは接触角がわかれば、(3.8) 式より凝着力が求められる。とりあえず、$\theta_1 = \theta_2 = 45°$ を仮定すると $2\pi\gamma_L(\cos\theta_1 + \cos\theta_2) = 0.65\,\mathrm{nN/nm}$ となる。もし、平均の接触点数が 1.6 個であれば、曲率半径に対する引離し力の傾きが、図 3.11 における比例定数とほぼ一致する。

　仮定した水の接触角が正しいか、平均の接触点数について不確実性はあるが、曲率半径を変化させた実験によっても、(3.8) 式が定性的に成り立っていることは確認できた。また、定量的にもラプラス圧力によって、凝着力の大きさをほぼ説明できたことになる。

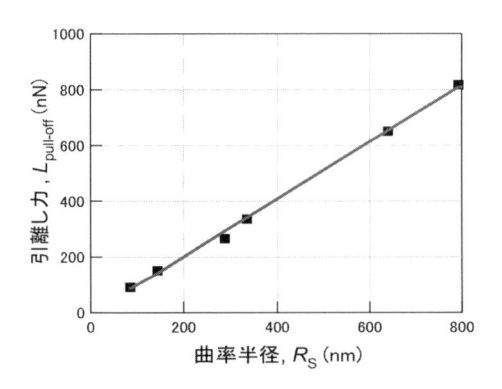

図 3.11　引離し力と曲率半径の関係

(2) ファンデルワールス力の検討

もし、接触部に水が凝縮していなかったら、凝着力はどのようになるだろうか。疎水性の表面同士が接触するときや液体中で接触するときには、水の架橋によるラプラス圧力は作用しなくなる。そのような場合には、水の表面張力に代わってファンデルワールス力が支配的に作用する。ファンデルワールス力が支配的な場合、図 3.3 に示した $F_D = AR_s/6d^2$ から、球面と平面間の凝着力は曲率半径に比例する。ただし、ファンデルワールス力の場合には、弾性変形を考慮すべきであり、その方が $F_D = AR_s/6d^2$ から計算した凝着力より大きくなる。

JKR 理論では、接触面積に比例した凝着エネルギーを仮定している。接触部以外で作用する力を無視してしまえば、$F_D = A/6\pi d^3$（図 3.3）を距離で積分した次式を用いて、単位面積あたりのファンデルワールスエネルギー γ_D を計算することができる。

$$\gamma_D = -A/12\pi d^2 \tag{3.9}$$

この式を接触面にあてはめるためには、接触している部分で表面がどの程度の距離まで近づいているかが問題になる。原子的に平滑な面であれば、カットオフ距離としてよく用いられる 0.15 nm を d に代入すればよいだろうが、粗さがある場合にはその分を考慮して、d の値を大きくする必要がある。しかし、はたしてどの程度の距離を仮定するか、予測することは難しい。仮に $d = 0.4$ nm 程度であれば、ファンデルワールス力だけでも凝着力の大きさを説明できてしまう（シリコンと Si_3N_4 の間に水があるときの Hamaker 定数として、$A = 6.75 \times 10^{-20}$ J を仮定したとき）。そこで、ファンデルワールス力かラプラス圧力のどちらが凝着力により支配的であるかを考えるために、突起の表面粗さに着目してみる。

JKR 理論による引離し力の式〔(2.10) 式〕をもう一度見てみると、$L_{\text{pull-off}} \approx \gamma R_s$ となっており、引離し力は曲率半径と凝着エネルギーの積に比例している。したがって、球面と平面が接触しているとき、接触部周囲の水の架橋の有無に関わらず、引離し力は球面の曲率半径に比例することになる。ところで、接触部の表面にナノメートル程度であっても微小な粗さがある場合は、ファンデルワールス力は急激に減少する。それに対して、凝縮水のラ

第 3 章　凝着力とは何か

$$F_W = 2\pi R_S \gamma_L (\cos\theta_1 + \cos\theta_2) \quad = \quad F_W = 2\pi R_S \gamma_L (\cos\theta_1 + \cos\theta_2)$$

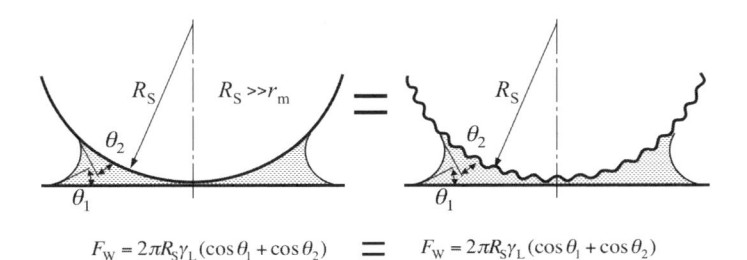

図 3.12　表面粗さがあっても、水の架橋の大きさが粗さよりも大きければ、ラプラス圧力による凝着力は影響を受けない。

プラス圧力の場合は、ケルビン半径程度以下の粗さであれば、粗さは水の架橋の中に埋もれて（沈んで）しまうため、ナノメートル程度の粗さの影響を受けない（図 3.12）。実際に、突起の上にさらに微小な粗さがあるパターン上で引離し力を測定したところ、微小な粗さを無視した曲率半径に引離し力が比例するという実験結果が得られている。このような結果からも、サブナノメートル程度の粗さがある親水性表面では、水の表面張力（ラプラス圧力）の方がファンデルワールス力よりも支配的であると考えられる。

（3）水の濡れやすさが凝着力を支配する

ラプラス圧力による凝着力の式（3.8）によれば、水の接触角（θ_1、θ_2）が変化することによっても凝着力は変化する。表面について水の接触角を変化させる方法の 1 つに、単分子膜を表面に形成する方法がある。アルキルシラン分子が化学結合した自己組織化膜（self assembled monolayer : SAM）をシリコン表面に形成すると、極性のないアルキル鎖が大気側を向く。そのため、アルキル鎖が長いときには表面が疎水性を示すようになり、水の接触角が大きくなる。このような SAM でシリコンの突起配列を被覆すると、曲率半径と引離し力の関係は図 3.13 のようになる。

接触角計を使って、SAM で被覆していないシリコンの表面と SAM で被覆したシリコン表面の水の接触角を調べてみたところ、被覆していないときは 34°で親水性を示したが、被覆した面では 100〜110°へと接触角が増加し、疎水性を示すようになった。突起配列に接触させた Si_3N_4 製の AFM プロー

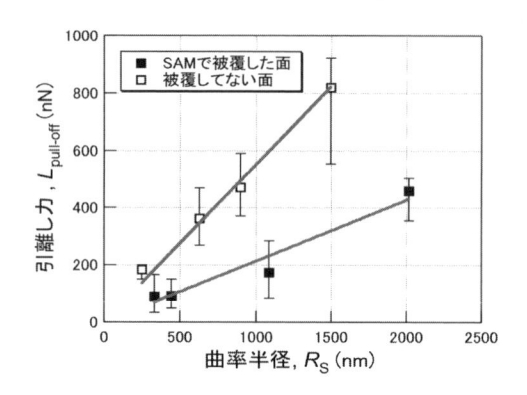

図 3.13 水の濡れ性を変えることで凝着力は変化する [6]。

ブ表面で水の接触角を直接測定することは難しいので、$\theta_1 = 30°$ と仮定して、$\cos\theta_1 + \cos\theta_2$ を計算してみる。$\theta_2 = 34°$ から $\theta_2 = 100°$ に増加すると、$\cos\theta_1 + \cos\theta_2$ は約4割程度まで減少する。ここで、図 3.13 をもう一度見てみると、SAM で被覆した面の引離し力は、被覆していない面と比較して約半分ほどになっている。このことから、水の接触角を変化させることでも凝着力をコントロールできることが確認できた。なお、一方の表面が疎水性であっても、$\cos\theta_1 + \cos\theta_2 \leq 180°$ の条件を満たすときには、液架橋が形成されてラプラス圧力が発生する。これは、図 3.13 の結果からも確認することができる。

3.4 摩擦面に作用する凝着力とその大きさ

(1) 平面間の凝着力の測定

よくなじんだ摩擦面は、鏡面のように滑らかになっており、粗さを測定するとナノメートルオーダーのレベルまで小さくなっていることがある。このような滑らかな面が接触しているとき、表面間に作用する凝着力はどの程度になるのだろうか。それを見積もるためには、平面同士を正確に平行に接触させ、平行を維持したまま、平面を引き離す実験を行う必要がある。そこで、特殊な形状のカンチレバーを取りつけた AFM を利用することによって、平

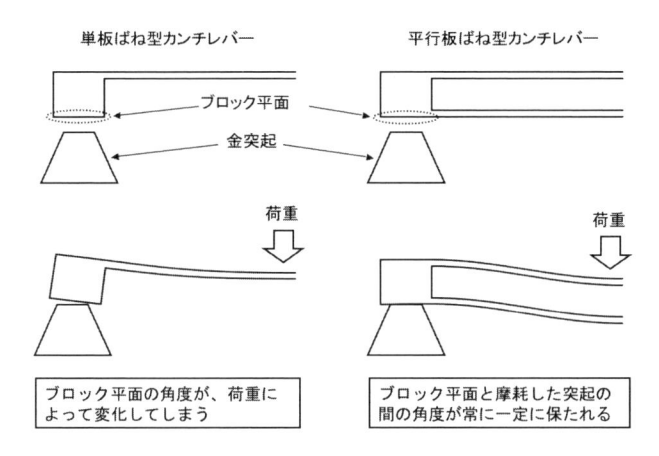

図3.14 2種類のカンチレバーの変形の様子。(a) 単板ばね型では、荷重によってブロック平面の角度が変化してしまう、(b) 平行板ばね型ではブロック平面と摩耗した突起の間の角度が常に一定に保たれる。

滑な平面同士が接触しているとき、単位面積あたりどの程度の凝着力が作用しているかを調べてみた。

実験には、図3.14に示す2種類のシリコン製カンチレバーを用いた。いずれのカンチレバーも先端にはブロックが取りつけられている（摩耗の試験方法と摩耗走査に用いた平行板ばね型のカンチレバーの詳細については第6章で紹介する）。ブロック平面で金の突起を摩擦すると、金突起の摩耗に伴い、接触面積が増加する様子が観察される。このとき、ブロック平面と摩耗した金突起の間の引離し力を測定すると、摩耗の進展に伴い、引離し力は増加していく。

摩耗して平坦になった金突起先端の面積 S_F を AFM 像から求め、その面積に対して引離し力をプロットすると、図3.15のようになる。平面同士が常に平行に接触している平行板ばね型カンチレバーでは、引離し力が平坦部の面積 S_F にほぼ比例しており、凝着力が面積に比例することが確認できる。単板ばね型では、測定時にブロック平面が傾くため、引離し力の傾きが変化している。ただし、単位面積あたりの引離し力は平行板ばね型よりも高くなっている。図3.15から単位接触面積あたりの引離し力を計算すると、5〜15 $\mu N/\mu m^2$ となる。

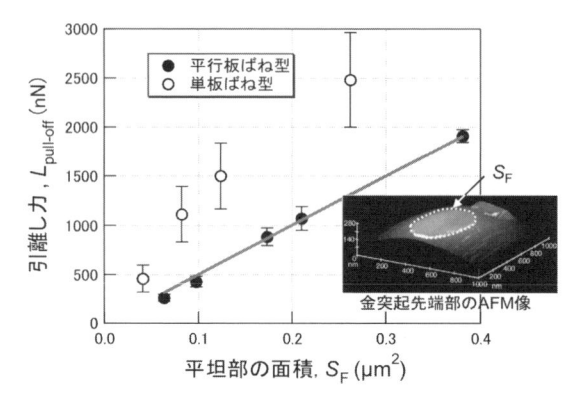

図 3.15 摩耗させた突起先端平坦部の面積と引離し力の関係 [7]

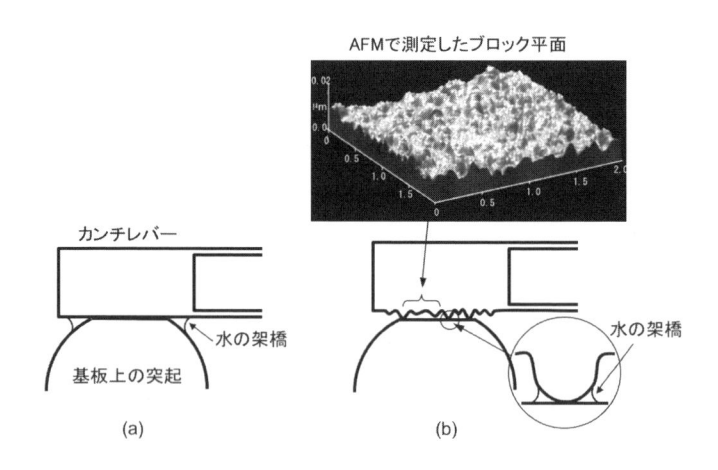

図 3.16 水の架橋はどのように形成されていたか？。(a) 平坦部の全面を水の架橋が覆っている様子。しかし、この場合、測定される引離し力はもっと大きくなっていたはずである。(b) 数個程度の微小な突起に架橋が形成されている様子。この方が実験結果とよく一致する。また、AFMで測定した形状からも複数の突起が接触していたことがわかる。

第3章 凝着力とは何か

　図3.16は、カンチレバーの平坦面と突起とが接触している様子を示している。図(a)のように、この平坦面全体が凝縮水で覆われていて、その内部にラプラス圧力が作用していると仮定して、γ_L/r_m から $r_m = 0.8\,\mathrm{nm}$（相対湿度20％）のときの凝着力を計算すると、単位接触面積あたりの引離し力は約 $90\,\mu\mathrm{N}/\mu\mathrm{m}^2$ となり、実際に測定された値との間には大きな差が生じてしまう。実は、カンチレバーのブロック平面は高さ2〜3nmの突起に覆われており、AFMで観察したことによって、図(b)のような接触状態であったことがわかった。この突起のために、凝縮水が平坦面全面を覆わずに、突起の先端だけに水の架橋が形成されていたのである。実際にAFM像から求めた突起先端の平均曲率を用いて、ラプラス圧力を計算すると、突起1つに作用する凝着力は230nNとなる。したがって、例えば3個の突起が凝縮水で覆われると、約700nNの凝着力が発生することになり、$0.1\,\mu\mathrm{m}^2$ の接触面積で得られた引離し力（500nN）と同程度になる。

　ところで、$5〜15\,\mu\mathrm{N}/\mu\mathrm{m}^2$ という引離し力は大きいのだろうか、小さいのだろうか。毎 $\mu\mathrm{m}^2$ ではわかりにくいので、毎 mm^2 に直してみると、$5〜15\,\mathrm{N}/\mathrm{mm}^2$ になる。意外と大きいのではないだろうか。よくなじんだ摩擦面では、表面粗さが数ナノメートル程度まで小さくなることもあるので、マイクロトライボロジーの測定でなくても、このような凝着力が作用する可能性がある。無潤滑で摩擦されるとき、あるいは表面が油でわずかに潤滑されているときには、垂直荷重がニュートンオーダーと高くても、凝着力が摩擦に影響を与える可能性がある。もし、低荷重で摩擦係数が増加する傾向が認められたら、それがマクロトライボロジーの測定であっても、凝着力の作用を検討してみる価値はある。

(2) デザギュリエの実験との比較と摩擦の凝着説の破綻

　ここで、デザギュリエの実験で測定された凝着力を思い出してみよう。デザギュリエの実験で測定された引離し力は最大71Nであったが、接触面積でその力を除すと、単位面積あたりの引離し力は13.8MPaとなる。これは、不思議なことに、マイクロカンチレバーを使って測定した引離し力 $5〜15\,\mu\mathrm{N}/\mu\mathrm{m}^2$（5〜15MPa）とほとんど同じなる（図3.17）。

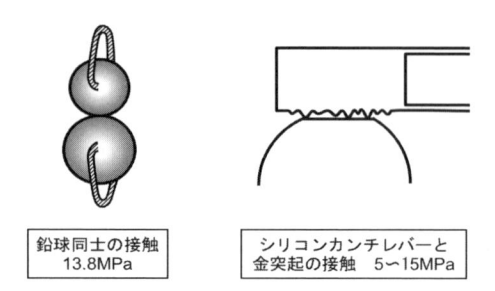

図 3.17　鉛球の間で測定された引離し力とシリコンカンチレバーと金突起の間で測定された引離し力を比較すると・・・。

[鉛球同士の接触　13.8MPa]
[シリコンカンチレバーと金突起の接触　5〜15MPa]

　凝着力が、金属の強度に比較して低くなる説明として、「実際に凝着しているのは見かけの接触面積のごく一部であるから」という理由はもっともである。もちろん、摩耗によって生じた新生面同士が化学的に結合している可能性はある。相手側の表面に金属が移着している様子が観察されたことが、化学的な結合を裏づけているかのように見える。しかし、もしこのような移着が、摩耗や塑性流動がきっかけとなって生じたとすると、化学的な結合力の存在は怪しくなる。一方の鉛の表面からいったん離れてしまった摩耗粉は、化学的な結合力がなくても、凝縮水によって生じる凝着力が働くことで、相手側表面に移着して、とどまることができる。したがって、移着金属の存在が化学的な結合力を裏づける確実な証拠にはならない。

　平面同士の引離し力の測定結果から、摩擦の凝着説において摩擦力の起源として考えられていた凝着力を、凝縮水のラプラス圧力によって発生する力でも説明できることが明らかになった。第2章では、微小荷重下の摩擦に影響を与えた凝着力を、「弱い凝着力」と呼んだが、接触面積が大きくなれば凝縮水による凝着力は十分に大きくなる。したがって、1Nを超えるような大きな引離し力が測定されたからといって、それが凝着説の妥当性を十分に示しているとはいえない。実際のところ、第4章で紹介するように、摩擦力はエネルギー散逸によって発生するという考え方が、現在の主流であると思われる。

3.5 真空中の凝着力

(1) 湿度が下がると凝着力が増加する?

雨が降っているときなどに、ベタベタした感じになるので、湿度が高くなると凝着力は大きくなる傾向にありそうである。これは、図3.10で見られたように、湿度が高くなると、表面粗さの突起で水の架橋が形成される数が増えることで説明できる。このとき突起1つあたりの凝着力は、突起の先端が球面状であったために、一定であった。しかし、突起が球面状をしているというのは特殊なケースであろう。では、図3.18のように先端が潰れた円錐上の突起が平面と接触していて、その見かけの接触部を凝縮水が覆っているときに、突起1つに作用するラプラス圧力による凝着力はどうなるだろうか。周囲のメニスカスの半径をr_mとすると、凝縮水が覆っている円の部分の半径r_Cは次式で与えられる。

$$r_C = R_P + 2r_m/\tan\alpha \tag{3.10}$$

ここで、R_p は突起先端の平坦な部分の半径で、式を簡単にするために水の接触角を0°と仮定している。πr_C^2の面積にラプラス圧力γ_L/r_mが作用するので、凝縮水によって生じる凝着力F_Wは、

$$F_W = \pi\gamma_L\left(\frac{R_P^2}{r_m} + \frac{4R_P}{\tan\alpha} + \frac{4r_m}{\tan^2\alpha}\right) \tag{3.11}$$

で表される。水の架橋の大きさが変化したときに、凝着力が増加するか、減少するかを調べるために、(3.11)式をr_mで微分すると、次のようになる。

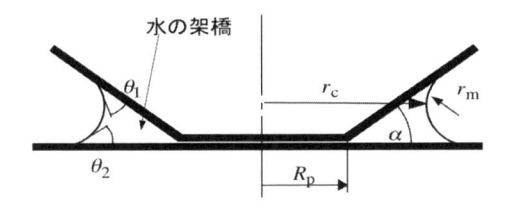

図3.18 先端がつぶれた突起が平面と接触するときに形成される水の架橋

$$\frac{dF_\mathrm{W}}{dr_\mathrm{m}} = \frac{\pi\gamma_\mathrm{L}}{r_\mathrm{m}^2 \tan^2\alpha}\left(4r_\mathrm{m}^2 - R_\mathrm{p}^2 \tan^2\alpha\right) \tag{3.12}$$

$dF_\mathrm{W}/dr_\mathrm{m}$ が正のときには、水の架橋が大きくなるにつれて凝着力が増加し、$dF_\mathrm{W}/dr_\mathrm{m}$ が負のときには、逆に水の架橋が小さくなるほど凝着力が大きくなる。$R_\mathrm{p} \to 0$ または $\alpha \to 0$ のとき、つまり突起先端が尖っているときや突起の斜面の角度が小さいときには、水の架橋が大きくなってラプラス圧力が低下しても、水の架橋が覆う面積の増加の効果がそれを上回るために、凝着力は相対湿度とともに増加する。摩擦された面でもなければ、突起の先端が潰れていることは考えにくいので、湿度が高いときに物をさわるとベタベタした感じがするのは、このようなときかもしれない。

それに対して、平坦部の面積が大きく、$R_\mathrm{p}\tan\alpha > 2r_\mathrm{m}$ のときには、水の架橋が大きくなってラプラス圧力が低下したときに、水の架橋が覆う面積の変化が小さいために、凝着力は低下する。逆にいえば、平坦面が接触しているときは、相対湿度が低下して、水の架橋が小さくなるにつれて、凝着力は増加することになる。摩耗の形態によっては、摩擦により突起先端が潰れていくので、このような変わった現象が見られることがある。

(3.11) 式では、先端が潰れた円錐形状を仮定して、水の架橋の大きさと凝着力の関係を示した。実際には、円錐形状でなくても、突起の先端が尖ったまま接触しているか、潰れているかが鍵で、それによって湿度を低下させたときに、凝着力が増加するか減少するかの挙動が決まる。また、先端の潰れ方も問題である。平坦面といっても粗さが十分に小さいことが必要で、接触部全体が凝縮水に覆われていないと、湿度を低下させたときに引離し力の増加は見られない。

実際に、摩耗によって接触している突起の先端が平坦になるというのは、摩擦面ではよく見られる現象である。アルミ合金の球をシリコンウェーハと摩擦させて引離し力を測定したとき、相対湿度を 40％ から 10％ に低下させると、図 3.19 のように引離し力が 20〜30％ 程度増加する現象が観察されたことがある。これは、図 3.18 のような接触が起きていたためと考えられている。

図 3.10 の結果では、湿度が増加したときの平均の引離し力の増加が 2 割に

第3章　凝着力とは何か

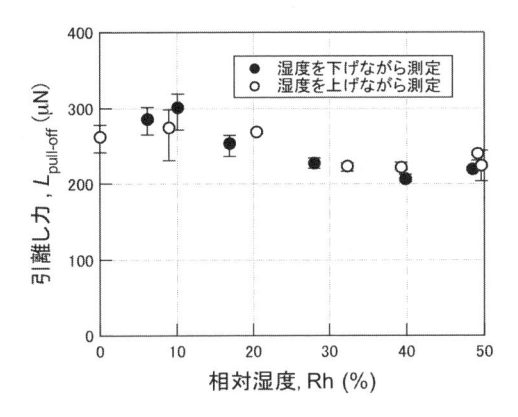

図3.19 摩耗によって粗さの突起に平坦部が形成されると、相対湿度が低下したときに引離し力が増加する。

【窓磨きは曇りの日】

　水が凝縮したときに凝着力が働くことは、雨の日や汗ばんだときにベタベタする感じがすることから、実感することができる。日常生活の中では、その他にも意外なところで凝着力が影響している。

　「これはラプラス圧力が効いているのではないだろうか」と筆者が感じた事例がいくつかある。1つは、クレンザーの粉で、黒くなった鍋などを磨くときに、水をつけすぎるとうまくいかない。わずかに濡れた程度のときによく磨くことができる。同じように粉を使うものに、工業用石鹸がある。手についた油汚れを落とすときに、手をわずかに濡らし、ピンク色をした石鹸の粉をつけて、手をもむように擦った後に洗い流すと、汚れがよく落ちる。また、研磨材粒子が分散している液体の研磨剤で金属を磨くとき、溶媒が乾く直前が最もよく磨けるように思う。

　粒子と表面との間に作用する力を考えると、その間にわずかな液体があれば、ラプラス圧力によって粒子は表面に押しつけられる。しかし、液体が完全に粒子を覆ってしまえば、ラプラス圧力は作用しなくなり、粒子を押しつけようとする力は、外力とファンデルワールス力だけになる。したがって、わずかに濡れている方が、効率的に削ったり、汚れを上手く落としたりできるのである。

　ガラスをから拭きするとき、曇りの日がよいといわれる。これは、布で磨くときに、布の繊維がラプラス圧力によってガラス表面に押しつけられることが影響していると思われる。試しに、曇りの日に柔らかいタオルでガラスを磨いてみると、布とガラスの間の摩擦力が、晴れの日よりも高くなっていることに気がつくであろう。

満たず、図 3.19 では湿度が増加したときに、引離し力は逆に減少している。前者では、球面と平面の接触という特殊な接触部形状であったことが、後者では部分的ではあるが平滑な平面同士が接触していたことが、それぞれ影響を与えている。不規則な粗さをもつ面が接触するような一般的な条件では、相対湿度が増加すれば凝着力は増加する。念のため、誤解のないように、このことを強調しておきたい。

(2) 真空中でも水は凝縮する

相対湿度 0％のとき、あるいは真空中では、凝着力はどうなるのであろうか。凝縮した水のラプラス圧力によって発生している凝着力は、雰囲気に水がほとんど存在しない高真空中では、消失するのであろうか。そのことを実験によって確かめるために、真空中、乾燥窒素中、湿度雰囲気中で引離し力の測定を行った。このとき用いた接触面の一方は、先端が球面状の突起で、材質はシリコンである。もう一方は、シリコンの平面である。先端の曲率半径を段階的に変化させた突起をいくつか準備し、その曲率半径と引離し力の関係を調べた。

最初の測定は 10^{-5} Pa 台の高真空中で行い、次に真空容器内に乾燥窒素を導入し、真空容器内に微量の水滴を入れて蓋をして、水滴が蒸発して平衡状態になってから 2 度目の測定を行った。最後にもう一度真空容器を排気して、最初と同程度の真空中で測定を行った。その結果は、図 3.20 に示すとおりで、周期的突起と Si_3N_4 製の平面プローブを用いたとき（図 3.11）と同様に、引離し力は曲率半径に比例している。ところで、雰囲気が引離し力に与える影響を比較してみると、引離し力はほとんど雰囲気の影響を受けていないことが確認できる。

いずれの測定環境においても、引離し力がほとんど同じであることから、いずれの条件も同じメカニズムにより凝着力が発生していると考えてよいだろう。これまでに示してきたように、相対湿度が 20％のときの凝着力はラプラス圧力が支配的なので、この実験結果を見る限り、真空中でもラプラス圧力によって凝着力が発生していると考えてよさそうである。

完全な球面と平面の接触であれば、液架橋のサイズが小さくなってもラプ

第 3 章　凝着力とは何か

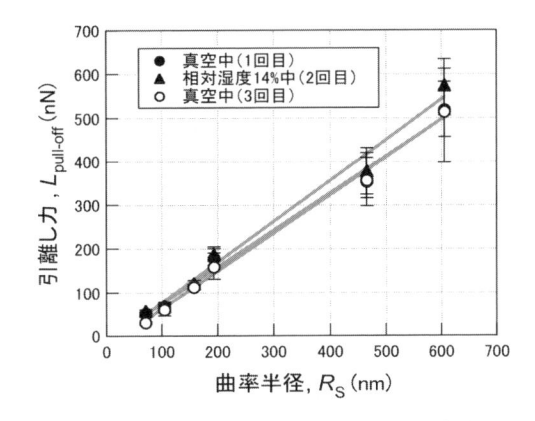

図 3.20　真空中で測定した引離し力は、湿度のある雰囲気中とほとんど差がない[8]。

ラス圧力による凝着力は変化しない〔(3.8) 式〕。ところが、実際には突起の先端は完全な球面ではなくナノスケールの凹凸があるため、液架橋のサイズが凹凸よりも小さくなると、液架橋が突起を完全に覆うことができなくなり、凝着力も変化するはずである（図 3.12 参照）。しかし、実験結果を見ると、引離し力はほとんど変化していない。このことから、真空中で形成される水の架橋の大きさは、それほど小さくなっていないことが予想される。おそらくは、1nm 程度かそれ以上の高さの架橋が形成されているものと思われる。

（3）化学結合力の再考

　真空中で摩擦したときに、大きな凝着力が作用することはよく知られている。その原因は、新生面同士の化学的な結合とされているが、凝縮水の影響についても検討する価値はありそうである。「真空中で凝着力が増加する」と聞くと、ある程度トライボロジーを知っている人は、吸着分子に覆われていない清浄な金属表面には化学的な結合が生じるために、大きな凝着力が発生すると考えるであろう。しかし、表面が酸化膜に覆われていても、図 3.18 のような接触状態になっていれば、真空中でメニスカスの曲率半径が小さくなることで、ラプラス圧力による凝着力が増加することが、これまでの説明から、容易に予想できる。

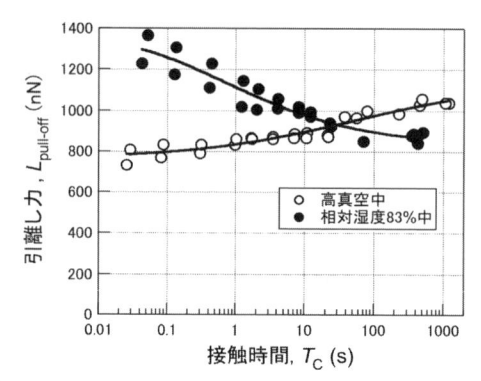

図 3.21 接触時間が長くなると、高真空中の引離し力が湿度雰囲気中よりも大きくなる[9]。

図 3.21 は、表面粗さが 1nm 以下の平坦なニッケル表面をシリコンウェーハに接触させ、図 3.18 のような形状での接触を実現したときに、測定された引離し力と接触時間の関係を示している。接触させた直後で比較すると、83％の湿度雰囲気中の方が真空中より引離し力が大きいが、接触時間が長くなると逆転し、真空中の引離し力が 83％の湿度雰囲気中よりも大きくなる。・・・どうやら、凝着に与える化学結合の影響については、真空中についても考え直す必要がありそうである。

(4) 架橋を形成する水はどこからくるか

雰囲気に存在する水分子の量は、真空中では、大気中と比較して極端に少なくなる。単位時間に単位面積に衝突する気体分子の数 Z_n [個/s・m²] は、圧力 P [Pa] に比例し、次式で表される[10]。

$$Z_n = 2.6 \times 10^{24} \frac{P}{\sqrt{MT}} \tag{3.13}$$

ここで、M、T はそれぞれ気体の分子量、絶対温度である。1m² の面積を埋め尽くすのに必要な分子の個数を D_n とすれば、1層の水の吸着膜を形成するのに必要な時間 t [s] は、

$$t = D_n / Z_n = 3.8 \times 10^{-25} \frac{D_n \sqrt{MT}}{P} \tag{3.14}$$

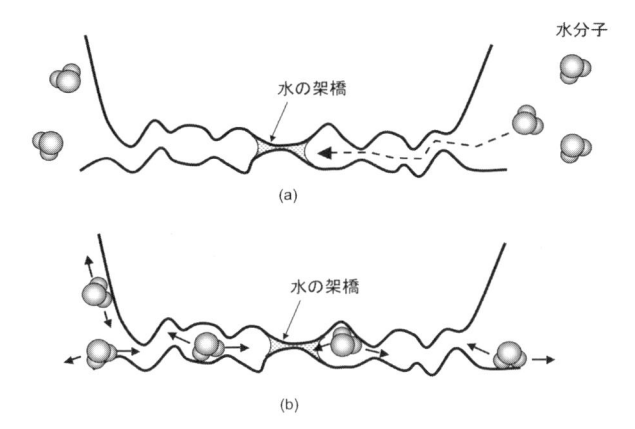

図 3.22 水の架橋を形成する水分子はどこから来るか？。(a) 接触部の奥にある接触部には、気相の水分子はなかなかたどり着かない。(b) 表面に物理吸着している水分子が集まれば、架橋が早く形成される？

で与えられる。水分子の占有面積を $0.125\,\mathrm{nm^2}$ としたとき、$1\,\mathrm{m^2}$ の面積を水分子で埋め尽くすのに必要な分子の個数 D_n は、8×10^{18} 個/$\mathrm{m^2}$ になる。したがって、27℃、$1\times 10^{-5}\,\mathrm{Pa}$ の（残留気体が水の）真空で、1 層の水の吸着膜を形成するのに必要な時間は、22 秒と計算される。

液架橋を形成するためには 1 層の水分子だけでは不十分であろう。また、衝突した分子がすべて吸着するわけではない。さらに図 3.22 のように、接触面が狭い隙間の奥にあるとき、水分子の平均自由行程が $1\times 10^{-5}\,\mathrm{Pa}$ のときに約 700 m にもなることも考えれば、残留している水分子が液架橋を直接成長させているとは考えられない〔図(a)〕。しかし、図 3.21 では接触後 0.1 秒以内に、最大値の 8 割程度の大きさの引離し力が測定されている。では、水分子はどこから来たのだろうか。実のところ、固体の表面には真空中でも水分子が物理吸着している。雰囲気中に残った水分子が直接架橋を形成するのではなく、固体表面に物理吸着した水分子が表面を移動して接触部の周辺に凝縮すると考えれば、真空中でもわずかな接触時間で液架橋が形成されることの説明がつく〔図(b)〕。

(5) 表面の水は加熱によって消える

固体表面に物理吸着した水分子が表面を移動して接触部に凝縮することを確認するために、基板の加熱が引離し力に与える影響を調べた。図 3.23 は、シリコンウェーハに平坦なプローブを傾けて接触させて測定した引離し力を示す。この測定は 10^{-5} Pa 台の高真空中で行い、基板の温度を変化させることによって、基板上の水の吸着量を変えている。平面を傾けて接触させていることで、(3.12) 式の R_p が小さいので、$dF_w/dr_m > 0$ ということになり、水の架橋が成長することで、引離し力が増加する。

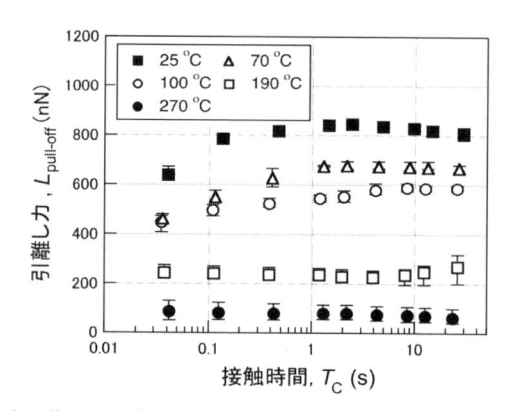

図 3.23 真空中で基板の温度を上げたとき、引離し力はどのように変化するか[8]。

図 3.23 の引離し力と接触時間の関係を見ると、室温（25℃）では、0.1 秒の接触時間で引離し力は平衡に達している。70℃のときには 1 秒程度、100℃のときには 10 秒程度の接触時間で引離し力がほぼ飽和している。基板の温度が高くなっても、雰囲気の圧力は変化しない。一方、温度が高くなるにしたがい、表面に物理吸着した水分子は脱離していく。基板温度の上昇とともに、飽和するまでの時間が長くなっていることから、水の架橋は基板から水分子が供給されて成長していることが推察できる。そのため、高温になるほど、液架橋へ水が供給される速度が遅くなり、液架橋を成長させるのに必要な時間が長くなるのである。

図 3.24 は、図 3.23 の測定結果をまとめたもので、シリコンウェーハの表面温度と、それぞれの温度における最大の引離し力の関係を示している。ま

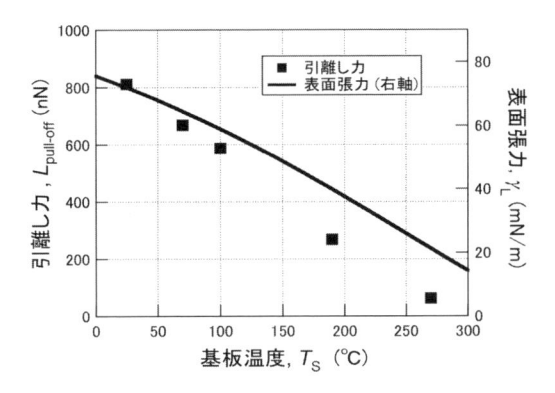

図 3.24 引離し力は 200℃付近で急激に減少する[8]。

た、温度と水の表面張力の関係も併せて示している。23℃のとき表面張力を基準にすると、温度が 100℃のときの引離し力は表面張力の 90％であるのに、温度が 190℃から 270℃になると 60％から 25％へと急激に低下している。ラプラス圧力によって発生する凝着力は、メニスカスの曲率半径が同じであれば、液架橋の面積と表面張力の積で与えられる。表面張力は、温度とともに低下するが、引離し力はそれを上回る速度で低下している。また、図 3.23 を見ると、190℃以上の温度では、接触時間が長くなっても引離し力はほとんど変化していない。これらのことから、シリコン表面の温度が 200℃を超えると、水の架橋は形成されないか、形成されたとしてもその成長は遅く、架橋が覆う面積はかなり小さくなっていると推察される。

なお、酸化シリコンの表面に物理吸着した水分子は、温度を上げていくと脱離していくことが別の実験でも示されている[12]。その脱離の速度は 190℃付近で最大になり、300℃になると、表面に水分子はほとんど残っていない。引離し力測定に用いたシリコン表面は自然酸化膜に覆われているので、同様な温度範囲で表面に吸着していた水が脱離したと考えると、引離し力の最大値が 200～300℃付近で急激に減少したことと辻褄が合う。

■先行研究を調べるタイミング

　自分にとって新しい研究分野に取り組むとき、その分野の先行研究を調べることになる。あらかじめ十分に調べておけば、研究成果を発表したときに、「それは〇〇さんが既にやっている」といわれるような心配はなくなる。しかし、研究に着手する前に綿密に調べることが、必ずしもよいとは限らない。あまりにも詳しく調べてしまうと、自分が考えていることは既にやり尽くされ、やることが残っていないように感じて、手が出せなくなることがある。

　新しいテーマを始めるときには、まず、大まかにその分野の動向を把握しておき、綿密に調べるのは、論文を書くときなど結果を整理するときの方がよいように思う。自分の結果が出た後で、それを基準にして先行研究と比較をすれば、同じような研究が行われていたとしても、どこかに違いが見つかることが多い。また、その違いを意識して、そこから研究を発展させていけば、オリジナリティーも高まっていく。

　運が悪いと、実験をやった後で、全く同じ研究を見つけてしまうこともある。しかし、自分が手を動かしてやったことが全く無駄になることはなく、その後の研究に間接的ではあっても役立つはずである。それでも、徒労に終わったと感じてしまうなら、自分の着眼点に間違いはなかったと前向きに考えてあきらめよう。

第4章

摩擦力はどこまで小さくなるか
―乾燥摩擦の極限―

4.1 超潤滑と超低摩擦現象

(1) 固体接触で摩擦係数が 0.001

トライボロジーの専門書では、摩擦を図 4.1 のように流体潤滑、境界潤滑、乾燥摩擦の 3 つに分類することが多い。乾燥摩擦の場合、材料によって摩擦係数は異なり、清浄な表面では摩擦係数が 1 を超えることもある。固体潤滑

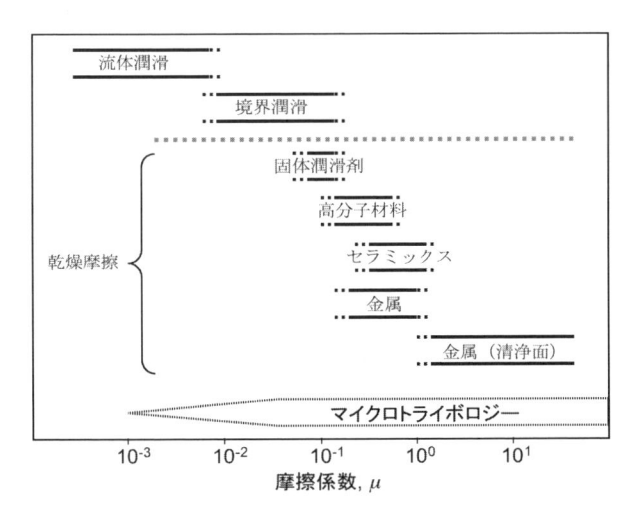

図 4.1 流体潤滑、境界潤滑、乾燥摩擦における摩擦係数の標準値[1]とマイクロトライボロジーで見られる摩擦係数。

は、乾燥摩擦に分類しない場合もあるが、摩擦条件としては乾燥摩擦と同じである。摩擦係数は、低い方から、流体潤滑＜境界潤滑＜乾燥摩擦の順になっており、最も摩擦係数が低い流体潤滑では、0.01以下になる。

　二硫化モリブデン（MoS_2）などの固体潤滑剤を用いると、乾燥摩擦の摩擦係数を大きく下げることができるが、固体潤滑の標準値として、トライボロジーハンドブック[1]に記載されている摩擦係数は0.1程度になっている（図4.1）。ところが、真空中でスパッタリングによって成膜した二硫化モリブデンの皮膜を、大気にさらすことなくそのまま真空中の摩擦測定装置に移送して摩擦力を測定したときに、0.001以下の摩擦係数が得られたという報告がある。これは、流体潤滑に匹敵する摩擦係数である。

　このような低い摩擦係数がなぜ得られるか興味のあるところであるが、もしこのように低い摩擦係数が容易に得られるようになれば、産業機械や輸送機械の摩擦損失を大幅に下げることにつながるだろう。したがって、超低摩擦が得られる条件を明らかにすることは、科学的な興味からばかりでなく、実用的にも重要な研究テーマである。

　摩擦係数が0.01以下の超低摩擦を示す物質として、二硫化モリブデン以外では、DLC（ダイヤモンドライクカーボン）がよく知られている。DLCは、炭素からなる透明の膜で、アモルファス構造をとるが、部分的にダイヤモンドと同じ結晶構造をとるため、ダイヤモンドに似た性質を有する。DLCの硬度は40～80GPaと高く（ダイヤモンドは100～120GPa）、耐摩耗性も高いので、摩擦面へのコーティング材として利用が広まっている。DLCは、成膜方法によって、ダイヤモンド（sp^3）とグラファイト（sp^2）の電子軌道の割合や、硬さなどの機械的な性質も異なる。同じような測定条件でも、研究機関によって摩擦係数が大きく異なり、0.001～1程度の値が報告されている（比較的よく見かけるのは0.05付近の摩擦係数である）。ダングリングボンドを水素で終端すると、摩擦係数が下がるといわれているが、正反対のことを主張する人もいる。

　固体潤滑剤として広く利用されている二硫化モリブデンが、低い摩擦係数を示す理由として、二硫化モリブデンが層状構造をしており、その層間で滑るからという説明がされている。DLCについても、固体潤滑剤として利用さ

れているグラファイト構造の部分があるために低摩擦を示すと考えられている。しかし、後述するように（表 4.1 参照）、窒化珪素（Si_3N_4）セラミックス上に成膜した窒化炭素膜（CN_X）同士を摩擦させたときや、アルミナ（Al_3O_4）とプラチナの組合せで、いずれも 0.005 という摩擦係数が測定されている。窒化炭素膜については、一部がグラファイト化したため低い摩擦を示したという説明が可能かもしれないが、アルミナとプラチナの組合せについては、層状構造に変化しそうな材料は含まれていないので、層状構造の物質が必ずしも低摩擦の条件ではないことがうかがわれる。

(2) 超潤滑の理論

　二硫化モリブデンで超低摩擦が得られた理由の説明に、超潤滑の理論が用いられている。超潤滑とは、電気抵抗が 0 になる状態を超伝導と呼ぶのになぞらえ、完全な潤滑状態になり、摩擦力が純粋に 0 になる状態を表す。ではどのようなときに、固体同士が接触する摩擦で、超潤滑状態になるといわれているのだろうか。コンピュータシミュレーションによる超潤滑発現条件の予測によると、同じ結晶構造をもつ完全結晶面同士が摩擦されるとき、図 4.2(a)のようにその結晶方位が一致していると（コメンシュレートのとき）摩擦力が作用するが、図(b)のように結晶の方向が傾いていると（インコメンシュレートのとき）、摩擦係数が 0、つまり超潤滑の状態が現れるとされている。

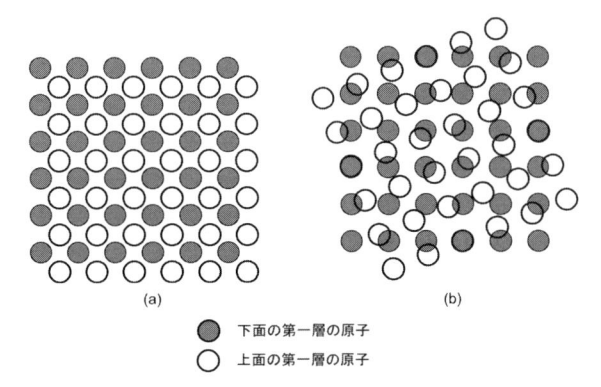

● 下面の第一層の原子
○ 上面の第一層の原子

図 4.2　表面の原子配列の相対的な位置関係。(a) コメンシュレートな配置、(b) インコメンシュレートな配置。

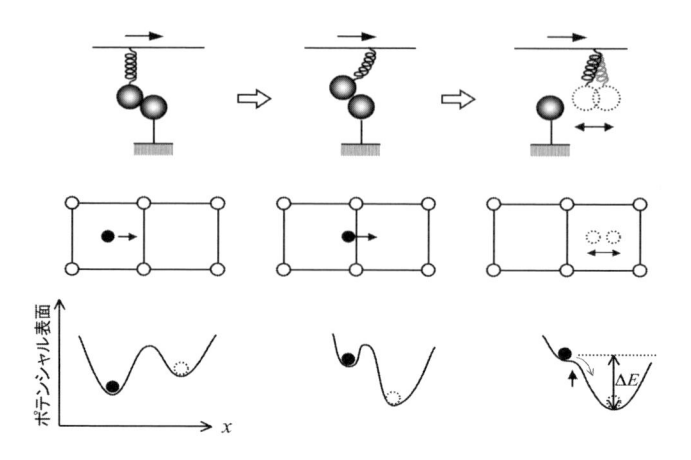

図 4.3 トムリンソンの摩擦モデルでは、ポテンシャルの急激な変化に伴うエネルギーの散逸によって摩擦力が発生する[2]。

　超潤滑の理論は古い摩擦の凝着説（摩擦力＝凝着をせん断方向に引きちぎる力）からは導くことができない。超潤滑の理論では、摩擦力の発生はトムリンソンモデル（図 4.3）に基づいている。トムリンソンモデルによると、固体が摩擦されるとき、表面の原子は相手側表面の原子から力を受けて、中立位置から変位するためにそのポテンシャルエネルギーが増加する。一方の面をさらに移動させると、再び中立位置に戻りポテンシャルエネルギーがもとに戻る。摩擦中には、このポテンシャルエネルギーの増加／減少が連続的に起きている。このエネルギー変化が、熱などに変化して散逸していくことで摩擦力が発生するとされている。もし、エネルギーの散逸がないとすると、ある面積を考えたときは、ポテンシャルエネルギーが増加する原子と減少する原子があるので、エネルギーの平均値は常に一定になり、摩擦によって仕事は行われていないことになる。

　超潤滑の理論では、インコメンシュレートな配置のときには、このエネルギー散逸が発生しなくなるために、摩擦力が 0 になるとされている。二硫化モリブデンの摩擦において、このようなインコメンシュレートな配置をとる結晶の界面が存在していると考えれば、超潤滑に極めて近い超低摩擦が得られた理由を説明することができる。

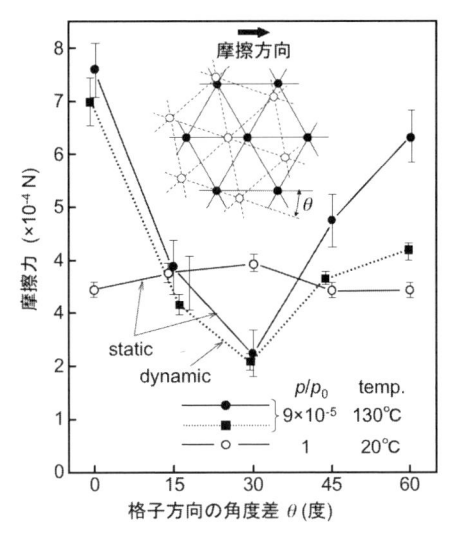

図 4.4 マイカ同士を摩擦させると、コメンシュレートな配置をとったときに摩擦力が高くなる[3]。

コメンシュレートな結晶配置のときに摩擦力が発生し、インコメンシュレートなときに摩擦力が発生しなくなることを実験的に裏づけようとした試みもある。例えば、マイカのへき開面（単結晶面）同士を接触させ、結晶の向きを変えて摩擦を行うと、摩擦力は図 4.4 のように変化し、それぞれの面の結晶方位が一致したコメンシュレートな配置のときに摩擦力が最も大きくなった。このときの最大／最小の摩擦力の比は、3.5 であった。また、トンネル電流を検出しながらプローブに作用する水平力を検出できる特殊な STM（scanning tunneling microscope）を用いた実験も行われている。超高真空中で、シリコン単結晶に対して、先端に単結晶面を有するタングステンプローブを接近させ、トンネル電流を一定に保ちながらシリコン単結晶を変位させると、それぞれの結晶面の格子間隔が一致する方向で摩擦力が検出された。

実験的に超潤滑を証明しようとした場合、検出感度に限界があるので、極めて 0 に近い摩擦力が測定されたとしても、摩擦力が完全に 0 の「超潤滑（superlubricity）」であると言い切ることはできず、「超低摩擦（super low friction または ultra low friction）」であるとか、「摩擦力は検出限界以下」

であるという結論になる。タングステンとシリコンの単結晶面の場合には、最小の摩擦力は検出限界以下で、最大の摩擦力は検出限界の 25 倍であった。したがって、最大／最小の摩擦力の比は 25 倍以上であったことになる。実験によって理想的な結晶配置を実現することも容易ではないので、結晶の構造と接触部の相対的な結晶配置によって、摩擦力がどのように変化するかについては、コンピュータシミュレーションによる理論的な検討が活発に行われている。

(3) 超低摩擦が現れる条件

乾燥状態の摩擦で、超低摩擦が得られた組合せとそのときの摩擦試験の条件を表 4.1 にまとめている。実験条件によって異なる摩擦力が示されている場合は、最も低い摩擦係数を取り上げた。さらに、報告の中で摩擦距離（摩擦回数）に伴う摩擦係数の変化が示されている場合は、摩擦を開始した直後の摩擦係数を読み取って、初期摩擦として記載した。

表 4.1 低摩擦が得られた材料と摩擦条件

#	組合せ（皮膜/母材）		摩擦係数		荷重 (N)	摩擦速度 (mm/s)	雰囲気 (Pa)
	ピン/ボール	基板	安定値	初期摩擦			
①	Steel	MoS_2/Steel	0.001	0.01	1.2	0.5	5×10^{-8}
②	Steel	WS_2/Si	0.02	0.1	3	0.5	10^{-7}
③	Steel	DLC/Si	0.006〜0.008	0.25	4	1.7	10^{-7}〜10^{-1}
④	DLC/Steel	DLC/Steel	0.003〜0.008	—	9.8	0.5	10^5 (N_2)
⑤	Pt	Al_2O_3	0.005	—	4.9	70〜150	10^{-4}
⑥	Si_3N_4	CN_X/Si	0.005〜0.01	0.1〜0.6	1	260	10^5 (N_2)

① J. M. Martin, et. al., Physical Review B, **48** (1993) p.10583-10586.
② 岩木雅宣, トライボロジスト, **51** (2006) p.873-878.
③ C. Donnet, et. al., Surface & Coatings Technology, **68** (1994) p.626-631.
④ J. A. Heimberg, et. al., Applied Physics Letters, **78** (2001) p.2449-2451.
⑤ K. Hiratsuka, et. al., Wear, **153** (1992) p.361-373.
⑥ 足立幸志, トライボロジスト, **51** (2006) p.861-866.

②の WS_2 の摩擦係数は、他の組合せと比較すると若干高いが、$-130℃$では 0.005 の摩擦係数が得られている。⑤の組合せを除いて、鋼またはシリコン基板に二硫化モリブデンや DLC などの膜を形成し、そこに球または先端を球面状に加工したピンを接触させて摩擦力を測定している。ピンの材質は鋼が多いが、基板に被覆した材料が移着して初めて摩擦係数が低下するという記述も見られ、必ずしもピンの材料が摩擦面に露出しているとは限らない。荷重は $1 \sim 10N$ の範囲にあるが、摩擦速度は 0.5 から 260 mm/s と幅広く分布している。雰囲気は、超高真空が多いが、④は乾燥窒素雰囲気中、⑥は乾燥窒素を吹きかけながら測定が行われている。

図 4.5 は、鋼の上に成膜した二硫化モリブデンを鋼のピンで摩擦したときの摩擦係数の変化を示している。摩擦を始めたとき（初期摩擦）では、摩擦係数は約 0.01 で、安定値の 10 倍程度ある。その後、摩擦距離あるいは摩擦回数の増加とともに、摩擦係数は急激に減少していき、最終的には 0.001 程度になる。表 4.1 の他の組合せについて見てみても、定常状態で $0.005 \sim 0.02$ の超低摩擦を示す材料でも、初期の摩擦係数は $0.1 \sim 0.6$ と、定常状態より 10 倍程度かそれ以上高くなっている。

摩擦係数が摩擦距離とともに変化する理由について 1 つ考えられるのが、化学的な性質が変化することである。例えば、表面を覆っていた酸化膜や反応膜が摩耗によって取り除かれ、超低摩擦を示す面が現れたと考えることができる。あるいは、雰囲気気体などとの反応によって低摩擦を示す化合物が生成されたとも考えられる。

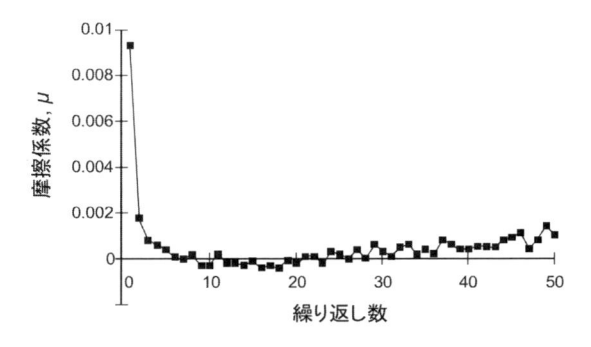

図 4.5　超低摩擦を示す組合せでも、最初の摩擦係数は相対的に高い [4]。

別の考え方では、摩擦の初期には塑性変形による抵抗が現れていたのが、摩擦することで突起がつぶれて表面が平坦になり、その結果塑性変形を引き起こすほど接触面圧の高い部分がなくなったというモデルも成り立つだろう。窒素雰囲気中でCN_xの低摩擦を測定した報告（表4.1の⑥）では、実際に、表面粗さが大きいほど初期の摩擦係数が高いことが示されている。あるいは、別の報告にも述べられているように、移着が表面の平滑化のきっかけを与えていることもあるだろう。つまり、「なじみ」によって塑性変形が支配的な摩擦から、弾性接触が支配的な摩擦へと変化したことで、超低摩擦が現れる条件が整ったと考えることができる。なぜなら、インコメンシュレートな配置をとることによって超潤滑が現れるとする理論は弾性接触を仮定しており、塑性変形抵抗を伴う摩擦であれば、超潤滑が発現することはないからである。

超低摩擦が現れた理由が化学的な性質の変化によるものなのか、弾性接触に移行したことによるものなのか、どちらの考え方を支持するかによって、超低摩擦を得るためのアプローチは全く異なってくる。もし、表面の化学的な性質の変化によって超低摩擦が現れたとすれば、超低摩擦の発現の鍵はやはり材料にあることになり、超低摩擦を示す材料は限られてくるだろう。しかし、弾性接触になることで超低摩擦が現れたとすると、もっと多くの材料の組合せで超低摩擦が得られる可能性がある。限られた材料の組合せでしか超低摩擦が観察できないのは、ある程度なじんだ状態であっても、塑性変形（摩耗）が続いているためとは考えられないだろうか。もし、マイクロトライボロジーのアプローチによって、荷重を極端に低くして、塑性変形を抑制することができれば、超低摩擦が得られるチャンスが広がるかもしれない。

4.2 「乾燥摩擦」でも存在する粘性抵抗

(1) 微小荷重は低摩擦の鍵になるか

荷重を低くすることで超低摩擦を得ようとしたとき、いくつか解決しなければならない問題がある。その1つは、凝着力の影響である。摩擦を行うときの垂直荷重を下げて接触面圧を低くすれば、塑性変形は確かに発生しにく

くなる。しかし、実際に摩擦力を測定すると、摩擦係数は低荷重になるほど逆に高くなる。その理由は、第2章で説明したとおり、凝着力が隠れた垂直荷重として作用しているからである。凝着力の影響を排除した摩擦係数を知るためには、外部から与えている垂直荷重に凝着力（引離し力）を加えた実効的な垂直荷重（実効荷重）で、摩擦力を除して、摩擦係数を計算する必要がある。その点を考慮すれば、荷重を低下させていったときに、摩擦力が見かけ上増加することはなくなるはずである。

ところが、実際に実効荷重を考慮しながら低荷重の摩擦を調べてみると、凝着力の影響だけでは説明しきれない現象が見られる。それが2つ目の問題である。実効荷重から求めた摩擦係数の変化を調べてみると、実効荷重が0に近づいたときに摩擦係数が増加する場合と、その逆に減少する場合がある（図4.6）。この摩擦係数の増加や減少が、雰囲気の相対湿度の影響を受けることから、凝縮水が影響を及ぼしていることが推察される。したがって、超低摩擦を得るためには、凝着力を考慮しただけでは不十分で、凝縮水が摩擦に直接及ぼす影響を明らかにして、この2つ目の問題を解決する必要がある。

微小荷重下の摩擦では、速度を変化させて摩擦力を測定することによって、固体界面に挟まれた液体膜の粘性抵抗の有無を確認することができる。液体膜の粘性抵抗が作用しているときには、速度を増加させると摩擦力が増加する。しかし、液体膜は、荷重を支えて固体の接触を防ぎ、摩擦力を低下させる逆の役割を果たすこともある。

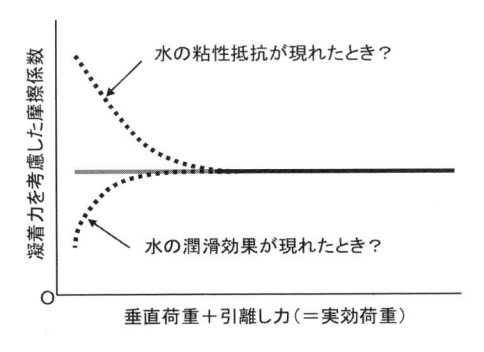

図 4.6 凝着力を考慮して摩擦係数を計算すると、水が摩擦力に直接影響している様子がわかる。

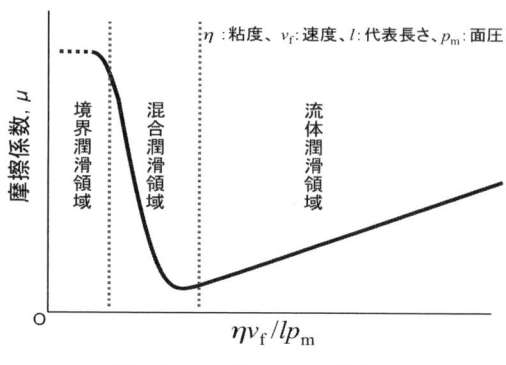

図4.7 ストライベック線図

　液体膜の摩擦に与える影響について整理するために、ジャーナル軸受の一般的な特性を表す「ストライベック曲線」について簡単に説明しておく。図4.7の横軸は、流体の粘度 η、面圧 p_m、速度 v_f、軸受の代表長さ（例えば直径）l で定義された軸受特性数（$\eta v_f / l p_m$）であり、縦軸は摩擦係数である。例えば、荷重を一定にして回転速度を変化させたとき、固体接触が起きていない高速度側（流体潤滑領域）では、速度の増加とともに摩擦係数が増加する。速度が低い領域では、固体同士の直接接触が発生し、速度が低くなるほど直接接触によって荷重を支えている部分の面積が大きくなるため、混合潤滑から境界潤滑に移行していき、その結果摩擦係数は急激に増加する。

　隙間が狭いときの液体の粘性的な特性は複雑であり、ストライベック曲線をそのまま微小荷重下の摩擦に適用できる保証はない。しかし、少なくとも定性的には、粘性抵抗が支配的な場合は摩擦速度が増加したときに摩擦力が増加し、固体接触の抵抗と粘性抵抗が混在している場合は摩擦速度が低下したときに摩擦力が増加する傾向にあるといえる。

(2) 摩擦係数の速度依存性

　微小荷重下の摩擦で、摩擦力が速度によって、実際にどのように変化するか、銅のピンとシリコンウェーハの摩擦を例にとって見てみる。図4.8に示す測定を行ったときの相対湿度は、約1％と約20％の2通りである。プロット説明の荷重は、それぞれの測定を行ったときの実効荷重（＝垂直荷重＋引

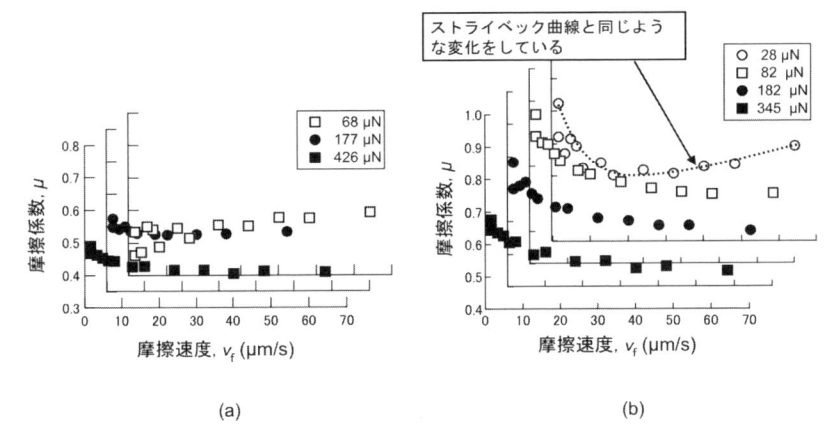

図4.8 摩擦速度と実効荷重から計算した摩擦係数の関係 [5]（プロット説明は実効的な荷重を示す）。(a) 相対湿度 1％、(b) 相対湿度 20％。

離し力）を示しており、外部から加えている垂直荷重は$-93 \sim 280\,\mu N$ の範囲であった（マイナスの荷重は、銅のピンをシリコンウェーハに押しつけているのではなく、凝着力のためにくっついた状態のまま引き離す方向に力を加えているという意味である）。縦軸に示した摩擦係数は、摩擦力を実効荷重で除算して求めている。例えば、図4.8(b)の$28\,\mu N$の測定では、引き離す方向に$93\,\mu N$の力を加えながら摩擦を行い、そのときの引離し力は$121\,\mu N$であった（つまり、$121-93 = 28\,[\mu N]$）。

図4.8で、実効荷重が$82\,\mu N$以上のときには、摩擦速度が低下するにしたがって摩擦力は増加している。図(a)の相対湿度1％で実効荷重が$68\,\mu N$のときには、その逆に摩擦速度とともに摩擦係数が増加している。興味深いのは、図(b)の相対湿度20％で$28\,\mu N$の実効荷重のときである。摩擦速度が低いときには、摩擦速度の低下とともに摩擦係数が増加し、摩擦速度が高いときには摩擦速度の増加とともに摩擦係数が増加しており、ストライベック曲線と同じような摩擦係数の挙動を示している。これは、銅のピンとシリコンの間に液体が存在していることを示している。つまり、摩擦速度が低いときには、液体膜の形成が不十分なために固体同士の直接接触が発生して、摩擦速度の低下とともに摩擦係数は増加し、摩擦係数が高くなると、摩擦抵抗として液体の粘性抵抗が支配的になるため、速度の増加とともに摩擦係数が増加した

のである。

　それぞれの相対湿度における摩擦係数の平均値に注目してみると、相対湿度が高い方が、摩擦係数は高くなっている。湿度が増加すると、固体間に存在する凝縮水の量が増え、粘性が作用する面積が増加する。相対湿度が1％のときには、0.4〜0.5程度だった摩擦係数が、20％の相対湿度のときには、約0.5〜0.8まで増加した。50％の相対湿度中で同じ実験を行うと、さらに高い摩擦係数が測定される。このことから、粘性的な特性は、やはり凝縮水によるものであることがわかる。特に湿度が高いときには、摩擦力に占める水の粘性抵抗は、かなり大きい。

　AFMを用いた測定でも、摩擦係数が速度とともに変化する様子が観察されることがある。しかし、図4.8のように、摩擦速度を変化させたときに、摩擦係数の増加と減少が同時に観察されることは少ない。銅のピンとシリコンウェーハの実験で、凝縮水の影響がはっきりと現れた理由を考えてみると、ピンの先端が摩耗していて、見かけの接触面積が約370μm^2と大きかったことが大きく影響している。接触面積が増加すれば、面圧が低下して流体膜が形成されやすくなる。その結果、固体接触部で支える荷重が低くなって、固体接触部の摩擦が低くなる。その代わり、凝縮水が覆う面積が増加するため、粘性の効果が現れやすくなったのである。逆にいえば、（面圧が低くなり、）塑性変形が起こりにくくなるほど、水の存在が摩擦力に大きく影響することになる。

4.3　真空中の微小荷重下での摩擦

(1) 高真空中でも消えない水の影響

　固体の弾性接触部の摩擦を純粋に調べようとした場合、面圧を低下させると、粘性の影響が大きく現れてしまい、固体接触部の摩擦が低ければ低いほど、それを正確に評価することが難しくなる。したがって、固体が弾性的に接触している部分の摩擦力を調べるためには、低面圧を実現しながら、凝縮水を除去するか、限りなく少なくしていく必要がある。

　大気中の摩擦では、相対湿度が1％程度になっても凝縮水が影響している

様子が観察された（図4.8）。高真空中では、雰囲気に存在する水の量はかなり少なくなる。例えば、大気中では相対湿度1％（25℃）のときの水の分圧は約30Paである。それが、$1×10^{-5}$Paの真空になると、残留気体がすべて水だとしても、相対湿度1％のときの1/3000000になる。このような雰囲気圧力の比較からは、凝縮水の量はかなり少なくなると考えがちだが、第3章の引離し力の測定結果（図3.20）は、その予想に反しており、真空中でも湿度のある雰囲気中と同じような引離し力が測定された。

では、摩擦力に対しては、高真空の環境はどのような影響を与えるのだろうか。球面と平面の接触では、水の架橋が小さくなっても、ラプラス圧力によって発生する凝着力は変化しない。しかし、高真空で水の架橋がもし小さくなれば、粘性の効果も小さくなり、摩擦力は低くなることが予想される。図4.9は、曲率半径を変化させたシリコン突起の先端を、平面プローブで摩擦したときの結果である。一定速度で測定した摩擦力を、引離し力に対してプロットしている。図のプロット説明で、（ ）の中の数字はそれぞれの直線の傾きを表している。外部荷重がほとんど0なので、それぞれの傾きは実効荷重から求めた摩擦係数ということになる。

真空中と乾燥気体中の摩擦力（摩擦係数）は、相対湿度14％の雰囲気中より、最大で2割程度低くなっている。これから、湿度雰囲気中で生じる凝縮水の粘性が、摩擦力に影響を与えていること、真空中と乾燥気体中の水の架橋の大きさは、相対湿度14％の雰囲気中より、わずかではあるが小さくなっ

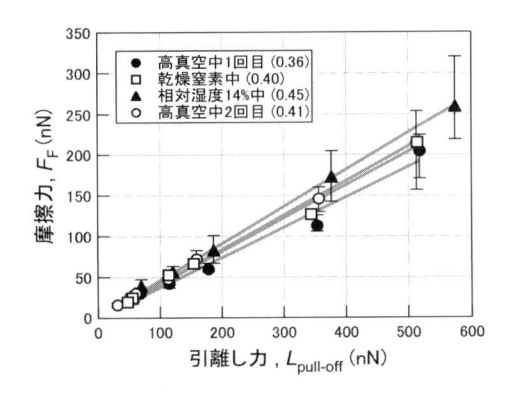

図4.9　AFMで測定した引離し力と摩擦力の関係[6]

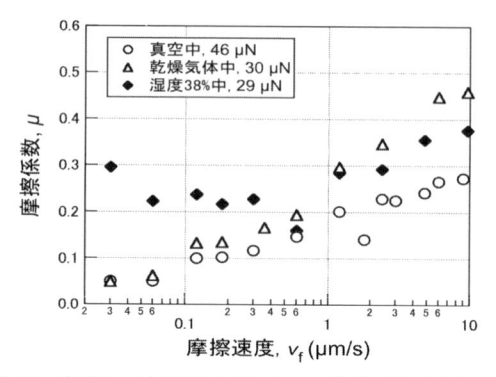

図 4.10 真空中でも摩擦速度とともに摩擦係数が増加する[7]。

ていることを読み取ることができる。

　速度を変化させて摩擦力を測定すれば、真空中での凝縮水の影響をさらに明瞭に確認することができる。図 4.10 は、銅のピンとシリコンウェーハの組合せで、摩擦力の速度依存性を調べた結果である。図 4.10 における摩擦係数も、図 4.8 や図 4.9 の結果と同様に、実効荷重を使って計算した摩擦係数である。相対湿度 38％の大気中では、摩擦係数は高速域と低速域で増加し、0.2μm/s 付近で極小となっている。10^{-5} Pa の真空中での摩擦係数は、乾燥気体で置換した 1 気圧中の摩擦係数と同様な傾向を示し、摩擦速度とともに単調に増加している。真空中では、湿度雰囲気中と比較して、摩擦係数が低くなっており、特に低い摩擦速度で、その差が大きくなっている。摩擦速度に速度依存性があることから、測定された摩擦力には粘性抵抗が寄与していることが示されている。また、湿度によって摩擦係数が変化していることから、粘性抵抗には凝縮水が影響していることが確認できる。

　結論として、10^{-5} Pa の真空中でも、乾燥気体中でも、同じような粘性抵抗が存在し、摩擦係数は速度によって変化する。つまり、10^{-5} Pa の高真空にしても、水の粘性の影響を排除することはできないのである。ただし、銅ピンとシリコンの摩擦では、最低の摩擦速度のときに、0.05 という最小の摩擦係数が得られている。このことから、低荷重の摩擦により塑性変形を抑え、さらに加熱により凝縮水を取り除くことができれば、摩擦係数 0.01 以下の超低摩擦が得られる可能性は残されていることになる。

第 4 章　摩擦力はどこまで小さくなるか　　97

【マイクロトライボロジーの測定に適した真空ポンプ】

　真空には 2 つの段階がある。例えば、真空掃除機や、板材などを加工するときに利用される真空チャックでは、大気圧よりも圧力が低いことが重要であって、1/10 気圧でも 1/100 気圧でもそれほど大きな差はない。このように、真空による力を利用するときには、1/100 気圧を 0 気圧と見なして差し障りない。また、圧力の表記もゲージ圧が利用されることが多く（絶対圧で 1/100 気圧は、ゲージ圧では－0.99 気圧）、圧力はリニアスケールで考えればよい。ところが、トライボロジーでは 1 気圧と 1/100 気圧の差はほとんど意味をもたず、多くの場合、10^{-10} 気圧（10^{-5} Pa）程度の高真空になって、摩擦や摩耗が影響を受けるようになる。

　高真空領域の排気が可能なポンプには何種類かある。代表的なものに、油拡散ポンプ、ターボ分子ポンプ、スパッタイオンポンプ、チタンサブリメーションポンプ、クライオポンプなどがある。トライボロジーの測定では、油によるコンタミが嫌われるので、油拡散ポンプは敬遠される傾向がある。ターボ分子ポンプは排気速度が速く扱いも容易なので、マクロなトライボロジーの測定装置で使用されることが多いが、マイクロトライボロジーの測定に利用しようとしたときは、ポンプの振動を絶縁することが必要になってくる。スパッタイオンポンプは、連続運転が可能で、到達真空度が高く振動を発生しないので、マイクロトライボロジーの実験で、弱い力を測定するのに都合がよい。

　なお、ポンプを選択するときにはポンプの性能だけに注目しがちであるが、高真空になるほど、ポンプをどこに取りつけるかは、ポンプの性能以上に重要になる。排気速度の高いポンプであっても、チャンバーとの間の配管が細いとポンプの性能を活かすことができない。筆者の場合、ターボ分子ポンプとチャンバーの間の配管を見直すことで、真空度が 1 桁近く向上した経験がある。

（2）加熱で消失する水の影響

　図 4.9 と図 4.10 において、乾燥気体中と高真空中で、摩擦係数に差がほとんどなかったのは、固体の表面に物理吸着した水の量が極端に違わなかったためであろう。「3.5　真空中の凝着力」で述べたように、真空で雰囲気に残存する水が少なくなっても、接触が起きた瞬間に、表面に物理吸着していた水が集まることで水の架橋が形成される。その架橋の大きさに大差がないため、摩擦力は乾燥気体中も真空中もほとんど同じになったと考えられる。したがって、接触部に水の架橋を形成させないようにするには、接触する前に表面に物理吸着している水を取り除いておく必要がある。しかし、これまで見てきたように、真空にするだけでは、凝縮水の排除にはそれほど効果がな

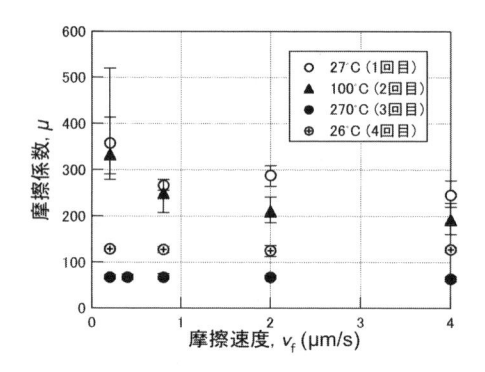

図 4.11 シリコン同士を摩擦させたとき、加熱すると凝縮水の影響が消える[7]。

い。

ところで、引離し力の測定結果（図 3.23）からは、表面を加熱することで、水の架橋が形成しにくくなることが明らかになっている。そこで、基板の温度を、室温（27℃）から、270℃へと上げることで、水の影響を排除して摩擦力を測定してみると、図 4.11 のように摩擦係数が変化する。温度を上げていく過程（27℃→100℃→270℃）と、また加熱後に基板が室温（26℃）に戻ってから測定した摩擦係数を摩擦速度の関数として示している。27℃、100℃のときには、速度の増加とともに摩擦係数が低下しており、摩擦係数に速度依存性が認められる。ところが、270℃まで加熱すると、摩擦速度を変化させても摩擦係数はほぼ一定になった。その後、室温に戻して測定しても、摩擦力は一定のままであった。

摩擦係数が一定であることから、270℃では水の架橋が形成されていないか、形成されていたとしても、摩擦力への影響を確認できないほど小さくなっていることが推察できる。昇温後室温に戻したとき、摩擦係数が摩擦速度に対して一定であったことから、高温で脱離した水は温度が下がっても、すぐにはもとのように表面に吸着せず、そのため水の架橋が形成されていなかったことがわかる。なお、このように基板を加熱しても、10^{-5}Pa 台の真空中に室温で 1～2 日放置しておくと、表面に水が徐々に吸着していくため、加熱前のように、摩擦力が速度とともに、また変化するようになる。

シリコン表面からは、200～300℃で水分子が脱離したが、金属の場合は

どうであろうか。筆者自身は AFM の実験で金属基板を加熱した経験はないが、他の真空摩擦試験装置の測定結果からは、おおよそ 300〜500℃まで加熱すると、水の影響は認められなくなった。やや乱暴な比較かもしれないが、酸化したシリコンも金属も同じような水の接触角を示すことから、同程度の温度で水が脱離すると考えてよいだろう。ステンレス製の真空チャンバーで、高真空を得るためベーキングを行うとき、温度を 400℃付近まで上げると、比較的早く高真空が得られることも、その付近の温度で金属表面から物理吸着した水が消えることを示唆している。

(3) 純粋な「乾燥」摩擦

銅のピンとシリコンウェーハの摩擦を、水が存在しない条件で行うために、あらかじめ真空中で試験片を加熱し、そのまま真空を維持した状態で板ばねに取りつけ、摩擦力測定を行った。まず、300〜400℃くらいの温度で 1 時間ほど試験片を加熱した後に、引離し力を測定してみたところ、引離し力はほとんど検出されなかった。これによって、接触面に水の架橋が形成していないことを確認した（加熱により水の架橋がなくなっても、ファンデルワールス力は働いているはずである。しかし、第 3 章で説明したように、ファンデルワールス力は、小さな表面粗さでも大きく低下するために、凝着力がほとんど作用しなかったと考えられる）。このような条件で摩擦を行うと、図

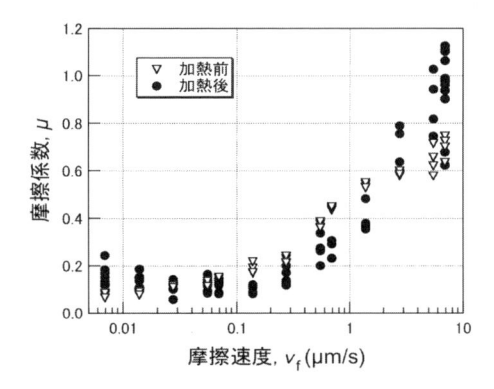

図 4.12 真空中で測定した銅とシリコンウェーハの摩擦係数。真空中の加熱によって、0.1 μm/s 付近の摩擦係数は低下したが、速度による摩擦係数の変動は大きくなっている。

4.12 に示すように、加熱を行わないときには、摩擦速度 0.1μm/s で 0.1 程度の摩擦係数だったものが、加熱後にはその半分程度になった。

しかし、加熱を行う前と後とで、速度に対する摩擦係数の変化の様子を比較すると、これまでの予想と異なった傾向を示している。摩擦速度によって摩擦係数が大きく変化している方が、水の存在しない条件で測定した（加熱後の）摩擦係数で、摩擦速度とともに単調に増加している方が、加熱しないで測定した摩擦係数である。加熱することで粘性の効果がなくなり、摩擦力の速度依存性が消失すると予想していたが、速度依存性は逆に大きくなっている。それどころか、湿度のある雰囲気中の摩擦係数〔図 4.8(b)で実効荷重 28μN のとき〕のように、ストライベック曲線に沿うように摩擦係数が変化している。

300℃程度の加熱によって水以外に粘性を示す液体が、シリコンや銅から新たに生まれることは考えにくい。とりあえずの説明としては、わずかに残った水が潤滑作用をしていて表面を保護していたのが、それがなくなったために塑性変形が生じやすくなり、高速や低速でその抵抗が摩擦力に現れたというようなことが考えられる。また、接触面に粗さ程度の粒子があるときに、粘性的な物質があるのと同じような挙動を示すというシミュレーション結果があり、摩耗粉がその粒子の役割をはたしたという説明もできる。しかし、水の存在しない環境での摩擦力の奇妙な挙動について、実のところまだ結論は得られていない。

4.4 固体接触による摩擦力を切り分ける

（1）固体接触の摩擦は高いか低いか

銅とシリコンを組み合わせて加熱を行わずに摩擦したとき、摩擦速度が低い領域では、0.05 という低い摩擦係数が測定された。その実験と同じ摩擦条件（荷重、速度、雰囲気）で、ブロックゲージと銅のピンを摩擦させると 0.02 という摩擦係数が測定される。しかし、シリコンと金のピンを摩擦させたところ、摩擦係数は 0.6〜0.8 の範囲でほぼ一定であった。シリコンと銅、ブロックゲージと銅の組合せと比較すると金の摩擦係数は明らかに高く、速度の

依存性も認められなかった。4.1 節では、「荷重を低くして弾性接触に近い条件で摩擦をすれば、どのような材料でも摩擦係数は 0 に近づいていくだろう」と予想を立てたが、実際には、摩擦係数は材料の組合せに大きく影響を受けるようである。さらに荷重を低くしていけば、摩擦係数は低くなるのかもしれないが、少なくとも数十マイクロニュートン程度の荷重のときには、摩擦力には粘性の影響よりも、固体同士の直接接触の影響の方が強く現れることがわかった。

　大きな摩擦係数を示した金のピンの表面を観察すると、銅よりも摩耗が大きく進展していた。このことから、摩耗や塑性変形が大きいために、摩擦力が大きくなったと考えることができる。あるいは、もともと摩擦力が大きく働くような面では、微小荷重下でも摩耗が起こりやすいという考え方も可能である。摩耗が先か摩擦力が先かについては、ここでは判断を保留するが、塑性変形が比較的起こりにくい微小荷重下の摩擦でも、材料の組合せによって摩擦係数や比摩耗量が大きく異なることは確かなようである。

　では、どのような材料の組合せが、高い摩擦力あるいは低い摩擦力を示すのであろうか。これまでに述べてきたように、固体同士の摩擦力が低いときには凝縮水の粘性の影響が現れてきてしまうので、摩擦係数を正確に測定して材料ごとの比較を行うためには、凝縮水の影響を取り除く必要がある。そのためには、真空中で測定前に試験片の表面を加熱して、物理吸着した水を脱離させることが望ましい。加熱すると水の架橋が形成されなくなり、表面を保護する効果が失われ、摩擦の条件としては厳しくなるが、純粋に固体接触によって発生する摩擦力を知ることができるようになる。

　図 4.13 には、先端を球面状に仕上げた 3 種類の材質のピン（ニッケル、銅、銀）を用意し、それぞれを 3 種類の基板に対して、高真空中で摩擦させたときの摩擦係数を示す。測定前に試験片を加熱することで、引離し力が検出できなくなる条件にしてから、荷重を変化させながら測定を行った結果をまとめたものである。用いた基板は、(100) 面のシリコンウェーハと、それに数十ナノメートルの厚さで金またはプラチナをスパッタして成膜したものである。このような微小荷重、低摩擦速度での測定を、大きな荷重と摩擦速度で行われている摩擦測定と比較すると、摩擦面に投入されるエネルギーは桁外

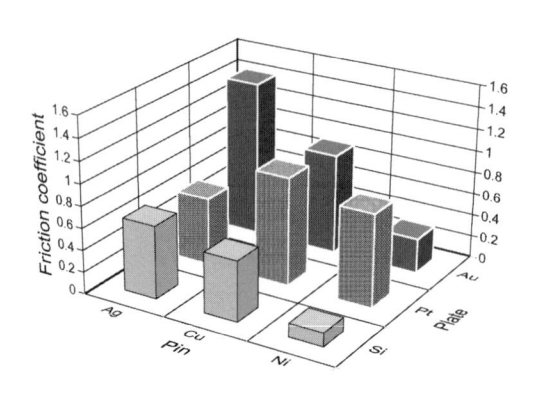

図4.13 材料の組合せによって摩擦係数は大きく異なる（高真空中の測定結果）[8]。

れに小さい。また、高真空中で気体がほとんど存在しないため、摩擦中の酸化の進展が遅く、金属本来の性質が現れやすい条件で摩擦力を測定していたということができる。

　図4.13を見ると、最大および最小の摩擦係数はそれぞれ、金を成膜した基板と銀のピンの組合せが1.4、シリコン基板とニッケルのピンの組合せが約0.1であった。同種の基板について摩擦係数を比較すると、金の基板とシリコン基板では、図の左に向かって摩擦係数が高くなっている（銀＞銅＞ニッケル）のに対し、プラチナを成膜した基板では右側（銀＜銅、ニッケル）の方が高くなっている。この結果から、摩擦係数と材料の組合せについてどのような関連性を見出すことができるであろうか。

(2) 相互溶解度と摩擦係数の関係

　金属の平衡状態図をもとに定義した相互溶解度と、摩耗係数と、摩擦係数の間にはそれぞれ相関があることが、ラビノビッツ（E. Rabinowicz）により報告されている。そこで、相互溶解度をもとに図4.13に示す摩擦係数の差について検討を行ってみる。ラビノビッツは、液相で2相に分離する組合せが最も相互溶解度が低く、あとは液相で固溶する組合せの中で、固相で溶解する成分比によって、相互溶解度を4つのグループに分類している。その分類方法を本実験に適用すると、表4.2上段のように、金とプラチナを含む6通りの組合せが、すべて同じグループになってしまう。そこで、状態図集を

第 4 章　摩擦力はどこまで小さくなるか

参考にして、液相から液相で完全固溶する銀-金を最も相互溶解度が高い I-1 に、低温で化合物を生成する銅-金、銅-プラチナ、ニッケル-プラチナを I-2 に、固相で一部分離するニッケル-金、銀-プラチナを I-3 に分類し直した（表4.2 下段）。シリコンを含む組合せについては、銀-シリコンが固相でまったく溶け合わないので、最も相互溶解度が低い。表 4.2 を図 4.13 と比較すると、摩擦係数と相互溶解度の間に高い相関があり、相互溶解度が高いほど摩擦係数も高くなる傾向が認められる。

表 4.2　相互溶解度による分類

ラビノビッツによる分類			
I	II	III	IV
Ag-Au, Cu-Au, Ni-Au, Ag-Pt, Cu-Pt, Ni-Pt	Cu-Si, Ni-Si	Ag-Si	-

細分化した相互溶解度					
I-1	I-2	I-3	II	III	IV
Ag-Au	Cu-Au, Cu-Pt, Ni-Pt	Ni-Au, Ag-Pt	Cu-Si, Ni-Si	Ag-Si	-

相互溶解度と摩擦係数の相関は認められたが、ここで 1 つの疑問が浮上してくる。平衡状態図では、例えば 1000℃を大きく超えた温度で固溶するかどうかを論じている。しかしこの実験で、摩擦面に投入されるエネルギーを計算すると 1pW 程度しかない。そのため、摩擦中の摩擦面の温度は極めて室温に近かったものと思われる。そのような条件の摩擦に対して、相互溶解度は、はたしてどのような意味をもち得るのだろうか。

(3) 結晶の格子定数の差と摩擦係数の関係

相互溶解度と、金属の結晶構造および原子半径の間には強い相関がある。2 種の金属の結晶構造が同じ場合、原子半径が近いかどうかで固溶のしやすさが異なり、原子半径が近いほど溶け合いやすくなる[9]。表 4.2 の金属のうち、シリコンを除き、他はすべて面心立方構造なので、相互溶解度は主に原子半径に支配されていたことになる。そこで、原子半径（≒最近接原子の距

離）が摩擦力に直接影響を与えていた可能性について検討してみる。

摩擦が原子間の相互作用に依存していることは間違いない。超潤滑の発現を検討したシリコンとタングステンの単結晶面を用いた実験では、格子間隔が一致する方向でのみ摩擦力が検出された。また、マイカを回転させながら摩擦係数を測定した実験では、結晶の相対的な角度が特定の角度に近いほど摩擦力が低くなる傾向が認められた（図4.4）。このことから、結晶構造が同じでも格子定数が異なる金属表面が互いに摩擦されるときは、格子間隔の差によってエネルギー散逸の起こりやすさが異なると考えるべきであろう。

実際の金属表面は、バルクと同じ結晶構造が維持されているか、どの結晶面が出ているかは不明である。しかし、面心立方構造の金属では、エネルギーが最も低い（111）面が現れやすく、表面の再構成によって結晶がゆがんだとしても、平均原子間隔は維持されているはずである。したがって、異種金属が接触しているとき、それぞれの結晶の格子間隔が近ければ、コメンシュレートな配置をとる結晶面が現れる確率が高くなると考えられる。逆に、最近接原子間距離の差が大きい組合せでは、インコメンシュレートになる部分が大きくなるだろう。平野ら[3]の結果から演繹すると、前者の組合せでは摩擦力が高く、後者の組合せでは摩擦力が低くなることが推測される。

この実験で用いた材料の結晶構造と格子定数を、表4.3に示している。シリコン以外はすべて面心立方なので、それらの金属における最近接原子間距離は格子定数の$1/\sqrt{2}$になる。シリコンの原子半径は1.17Åで他の金属よりも小さいが、ダイヤモンド構造であるため、（100）面の最表面原子の最近接原子間距離を計算すると、他の金属と同様に格子定数の$1/\sqrt{2}$になる。したがって、表4.3に示した組合せで、表面に現れる最近接原子間距離の差を議論しようとした場合は、格子定数の差を比較すればよいことになる。

表4.3 材料の結晶構造と格子定数

	ピン			基板		
	Ag	Cu	Ni	Au	Pt	Si
結晶構造	fcc	fcc	fcc	fcc	fcc	diamond
格子定数	4.086	3.614	3.352	4.078	3.924	5.431

fcc：面心立方構造、diamond：ダイヤモンド構造

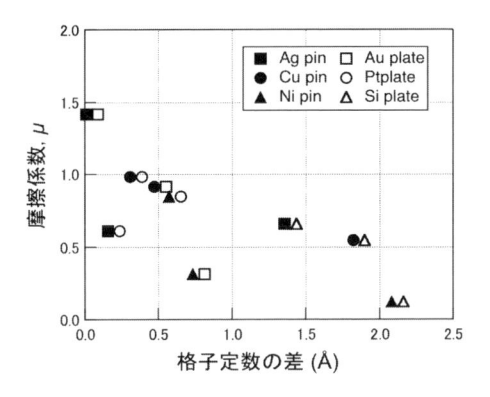

図4.14 摩擦係数は格子定数が近いほど高くなる[8]。

　図4.14には、図4.13に示した摩擦係数をそれぞれ金属の格子定数の差の関数として表した結果を示す。ピンと基板の組合せがわかるように、同じ組合せの摩擦係数について、2種類のプロットで表している。また、基板（□、○、△）に関しては、ピン試験片のプロット（■、●、▲）と重ならないように、右側にずらしてプロットした。図より摩擦係数は、格子定数の差が大きくなるほど全体的に低下する傾向にあることが認められる。同種のピン試験片、同種の基板について比較した場合も、銅のピン（●）、ニッケルピン（▲）、金の基板（□）、シリコン基板（△）で、格子定数の差の増加とともに、摩擦係数が単調に減少している。したがって、異種金属間の摩擦係数は、最近接原子間距離の差に影響を受けていた可能性が高いといえよう。

(4) 真空中の摩擦と大気中の摩擦

　ラビノビッツは、相互溶解度と摩耗量に相関があること、摩耗量と摩擦係数に相関があることを指摘しているが、これは大気中で行った実験に基づいて得られた結論である[10]。では、格子定数あるいは原子間隔と摩擦係数の関係は、高真空中、低荷重下の摩擦に限らず、大気中の摩擦にも適用できるのであろうか。ここでは、ラビノビッツによって得られた摩擦係数が、原子間隔の差によって説明できるかどうかを見てみる。
　まず、ラビノビッツは20種類の金属の組合せで静止摩擦係数を測定して

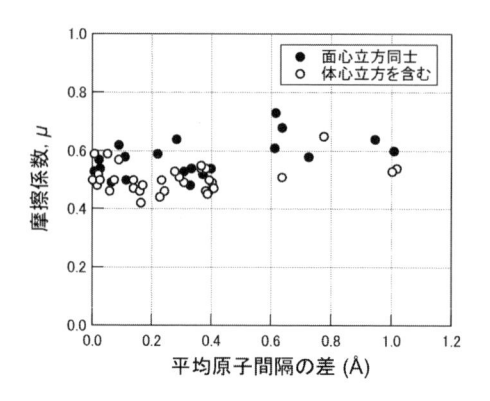

図 4.15 ラビノビッツの報告[11]を平均原子間隔の差で整理し直した結果（同種金属の組合せは除いてある）大気中で測定された異種金属間の静止摩擦係数の変動は小さく、原子間距離の影響は認められない。

いる。そのデータから、体心立方格子と面心立方格子に関して、異種材料を組み合わせたときの静止摩擦係数を抜き出してまとめた結果を図 4.15 に示している。原子間隔の差を横軸に表している。●が面心立方同士の金属を摩擦させたときの静止摩擦係数、○が体心立方構造を含む組合せで摩擦したときの静止摩擦係数を示している。

真空中の実験と比較すると、大気中で測定された静止摩擦係数は 0.4〜0.8 の範囲に分布していて、極端に高い値や低い値が見られない点が大きく異なっている。原子間隔の差が与える影響を見てみると、原子間隔の差によらず摩擦係数はほとんど一定か、あるいは差が小さくなるほど低下しているようにさえ見える。

では、動摩擦係数については、どのようになるだろうか。ローチ（A.E. Roach）によって、大気中で、鉄に対して複数の金属を摩擦させたときの動摩擦係数が報告されている。測定条件は、垂直荷重が 2.7N、摩擦速度が 0.05mm/s である。鉄に対して摩擦させたそれぞれの金属の原子間隔を横軸に取って、動摩擦係数をプロットしてみると、図 4.16 のようになる。静止摩擦とは異なり、動摩擦係数は大きく変動している。この図から、摩擦係数の傾向を読み取ることは難しいが、3.2Å付近に摩擦係数のピークがあるように見える。しかし、面心立方、体心立方、六方最密構造だけ（●）を取り出し、

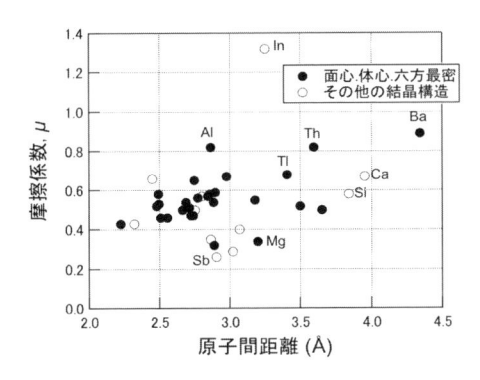

図 4.16 鉄に対する各種金属の動摩擦係数の報告[12]を整理し直した結果。極端に酸化しやすい金属（Ba、Mg、Th）を除外したり、結晶構造を限定したりすれば、鉄の格子定数（2.86Å）付近に摩擦係数のピークが現れる。

かつ極端に酸化しやすい金属（Ba、Mg、Th）を除いてみると、鉄の格子定数（2.86Å）付近のピークの方が目立ってくる。

静止摩擦係数を測定するとき、特に酸化しやすい金属では、表面に酸化膜が形成された状態で摩擦を測定していることになる。表面が厚い酸化膜で覆われていれば、金属の原子間隔は意味をもたなくなってしまう。そのような理由から、大気中で測定した静止摩擦係数には、原子間隔の差が現れにくかったと考えることもできる。それに対して、動摩擦を測定するときは、同時に摩耗も発生するために、酸化されていない金属面同士が摩擦される。そのため、金属原子同士の相互作用がより支配的になり、原子間隔や格子定数の影響が現れやすくなる。

ところで、「摩擦材を選ぶときに共金（ともがね）を避けるべき」、「ダイヤモンドを鉄と摩擦させてはいけない」など、トライボロジーに関して経験的に広く知られている知識がある。これらの理由として、金属同士の結合力の強さや、相互溶解度の高さが指摘されている。しかし、格子定数の差に着目しても、同じ結論が導き出せる。ダイヤモンド中の炭素原子の間隔が、鉄の原子間隔のちょうど半分になっているのは、単なる偶然の一致なのだろうか。マイクロトライボロジーの研究によって、摩擦に影響を与えるパラメータを1つずつ切り分けて考えることができるようになれば、超低摩擦を示す材料

の探索や開発が容易になり、いずれ摩擦低減によってエネルギー消費を抑えることができるようになると筆者は密かに期待している。

第5章

ナノトライボロジー
―原子や分子の相互作用が現れるとき―

5.1 マイクロからナノトライボロジーへ

「トライボロジーは泥沼」といわれることがある。それは、摩擦に影響を与えるパラメータが多く、それぞれの関係が極めて複雑であることに由来する。そのため、対象に影響を与える因子を切り分けて、単純化するといったような、科学で一般的に使われる手法を容易に適用することができない。その泥沼を生み出している元凶は接触面の複雑さで、量子力学の発展に貢献したパウリ（W. Pauli）がいうところの「悪魔が作った」表面を組み合わせているのだから、致し方ないのかもしれない。

前章までに述べてきたように、荷重が低くなると凝縮水やファンデルワールス力が隠れた垂直荷重として摩擦面に作用したり、凝縮水の粘性抵抗が摩擦力に直接影響を与えたりする。これは、荷重が低くなったことで摩擦現象が複雑化してしまったように感じられるが、よく考えてみると、荷重が大きなときには凝縮水などの作用に気がついていなかっただけである。荷重が比較的高いときでも、条件によっては凝縮水が摩擦に影響を与えていたこともあるだろうし、それが「泥沼化」の一因になっていたかもしれない。

マイクロトライボロジーの実験では、未知の因子の影響を排除したり、隠れていた因子の影響を検討に加えたりすることで、摩擦面の状況を把握しやすくなる。例えば、摩擦速度が μm/s 程度の低い条件では、摩擦による極端

な温度上昇やそれによる反応を考慮しなくてよい。また、凝縮水などの作用を切り分けて考えられるので、摩擦面に起きている現象をより詳しく調べることができるようになる。その結果、第4章では、金属結晶の格子定数が摩擦力に与える影響を確認することができた。

ところで、マイクロトライボロジーの実験といっても、表面粗さがある面を対象としている場合は、そこで測定される摩擦力には、弾性接触と塑性変形、潤滑膜に覆われた面と覆われていない面、など様々な状態が平均化されたものが現れる。その観点からは高い荷重の摩擦と似ており、泥沼から完全には脱出できていない。しかし、荷重や圧力が多少大きくても、原子的に平滑なマイカのへき開面などを用いて表面を均一な状態で接触させれば、分子や原子が本来もつ相互作用を切り出して調べることができる。また、AFMなどを用いて荷重をナノニュートンのレベルまで低くすれば、粗さのある表面でも、弾性接触の状態を維持して、摩擦力を調べることが可能になる（図5.1）。例えば、特定の有機分子を並べて、固体表面を覆っておけば、その分子の性質に起因する摩擦力を知ることができる。

トライボロジーは、もともとは分子や原子のナノスケールの特性や相互作用を対象としている。前章までに説明したマイクロトライボロジーの実験では、それらを直接見ることは難しかった。しかし、マイクロトライボロジー

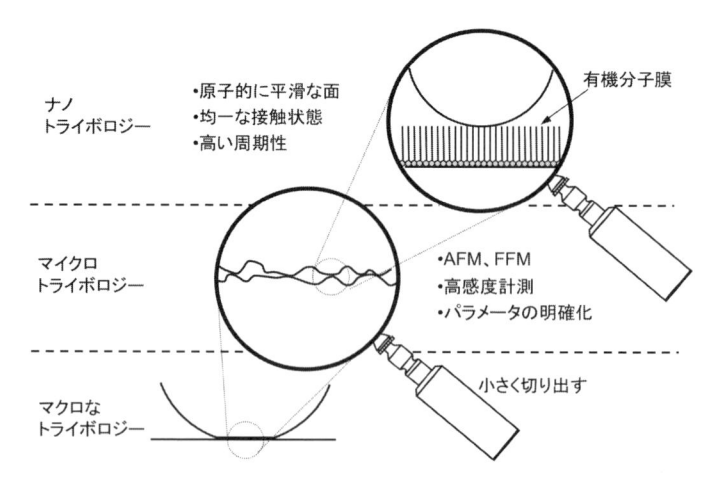

図 5.1　マイクロトライボロジーからナノトライボロジーへのアプローチ

第5章 ナノトライボロジー

のアプローチを巧みに利用していけば、個別の原子や分子間の相互作用が顕在化したナノトライボロジーの世界に、たどり着くことができる。

5.2 単分子膜の摩擦特性

(1) LB膜と自己組織化膜 (SAM)

エンジンなど実際の機械が潤滑されるとき、比較的低い面圧で摩耗がそれほど生じないときには、潤滑油の中に含まれる油性剤分子が表面に吸着して、固体の直接接触を防いで摩擦を下げている。このような油性剤分子として、代表的なものにオレイン酸やステアリン酸があり、図5.2のように長い鎖状をした分子の一端が表面に吸着している。しかし、このように分子が吸着した表面の摩擦力を調べようとしても、整列した分子によって生じる抵抗力だけを正確に切り分けることは難しい。周りに潤滑油があれば、その粘性抵抗や形成された流体膜が摩擦力に影響を与える。また、このような分子の結合力は弱いので、接触面の中に一部圧力が高い部分があれば、そこで分子が剥がれてしまう。もし、測定の結果、それらしい摩擦力が得られたとしても、そのとき分子がはたして整列していたのかどうかを確認することも困難である。しかし、以下に述べるような2つの方法で、分子が整列した表面を得ることが可能で、大気中でも、その表面の摩擦力を測定することができる。

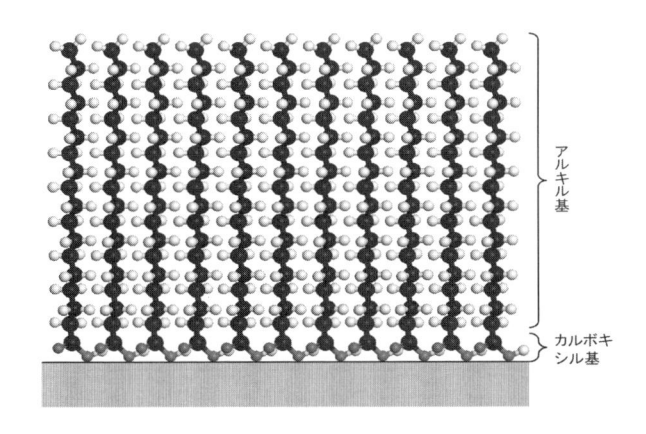

図5.2 ステアリン酸分子が表面に物理吸着する様子

LB（Langmuir-Blodgett）法は、固体の表面に分子を整列させる方法で、ラングミュア（I. Langmuir）とブロジェット（K. K. Blodgett）によって開発された。また、LB 法によって形成された膜は、LB 膜と呼ばれている。LB 膜を作るときは、まず水などの溶媒の上に、例えばステアリン酸などの分子をわずかに滴下する。すると、水面上にステアリン酸分子が広がり、単分子膜が形成される。その水面上に、親水性の基板を垂直に差し込み引き抜くと、引き抜くときに分子膜が基板上に移し取られる（図 5.3）。緻密な膜を得るためには、水面上に広がった分子を板で押して、分子に横方向から圧力を加える。圧力を加えた状態で分子を移し取ることによって、ステアリン酸分子が隙間なく基板上に垂直に整列する。このとき分子は基板と物理吸着をしており、隣り合う分子間にはファンデルワールス力が作用している。単分子膜を水面上に展開しようとした場合、分子の一端が親水性で他方が疎水性である必要があり、ステアリン酸などの長鎖脂肪酸が LB 膜を作るのに適している。

自己組織化膜（self assembled monolayer : SAM）は、基板と化学結合した分子によって形成される単分子膜である。1980 年代の初めに、特定の材質の基板と分子の組合せで化学結合が生じ、単分子膜が形成されることが報告された。例えば、金の基板表面には、チオール基（SH）を介して分子が結合する。また、シリコン基板表面には、シラン基（$SiCl_3$）を介して分子が結合する。成膜の方法は、LB 膜より単純であり、吸着させたい分子を溶かした

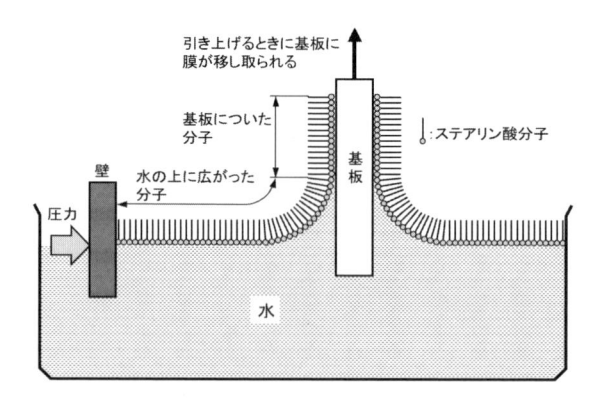

図 5.3　ステアリン酸 LB 膜の成膜（累積）方法。ステアリン酸分子を水面に広げ、壁に圧力をかけて分子を圧縮しながら基板を引き抜く。

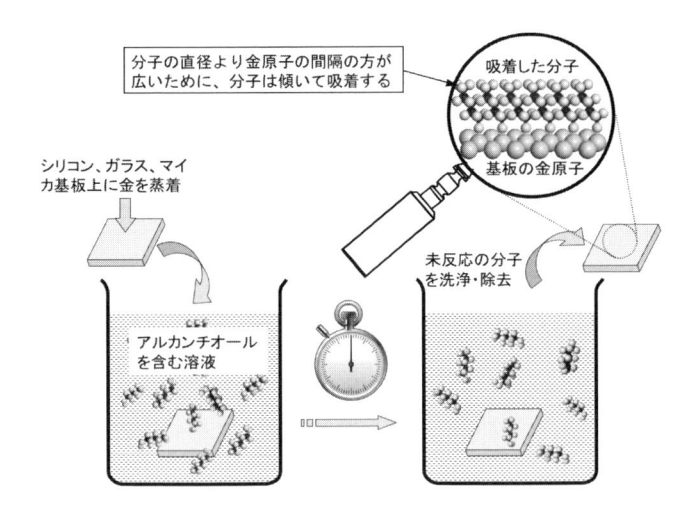

図5.4 アルカンチオールのSAM膜はビーカーの中で形成され、このとき金の基板には硫黄原子を介して分子が結合する。

溶液中に基板を浸けておく方法などがある（図5.4）。十分な時間をおいてから、溶液から取り出した基板を洗うと、未反応の分子が洗い流されて、基板上に化学結合した分子だけが残る。分子は基板表面の原子と化学結合をするので、高い周期性の分子膜を得るためには、単結晶面が必要になる。また、反応の前に基板の汚れや酸化膜を十分に除去することも重要である。

LB膜の分子は基板表面と物理吸着をしているので、その結合力は弱い。それに対して、SAMは化学結合をしているので、分子と基板表面とは比較的強固に固定されている。SAMの摩擦特性を調べようと摩擦したとき、平均接触面圧を低くしても、摩擦面に表面粗さがあれば、部分的に面圧が高くなるために摩擦によって分子膜が壊れてしまう。表面と物理吸着しているLB膜は、SAMよりもさらに容易に破壊してしまう。そのために、LB膜やSAMで被覆された表面の摩擦特性を調べるときには、低い垂直荷重で、面圧を制御した摩擦が可能であるという理由から、AFMが用いられることが多い。

(2) 鎖状の分子が摩擦を低下させる

　SAM は基板表面と化学結合をするために、基板材料と分子の組合せが限られている。その中でも、金原子と硫黄を介して結合するアルカンチオールや、シリコン表面の OH 基にシランを介して結合するアルカンシラン (図 5.4 参照) の摩擦特性が広く調べられている。前者の金-チオールの構造の方が単純なためか、再現性の高い結果が比較的得られやすいようである。それに対し、シラン系の SAM の場合は構造が複雑で、成膜方法もデリケートな点が多く、そのためか報告されている摩擦係数はばらつく場合が多い。しかし、いずれの場合も、アルキル基（CH_3-CH_2-CH_2・・・と鎖状に分子が並んでいる部分）の鎖長が長くなるほど摩擦係数が低くなる傾向が認められる[3]。

　図 5.5 は、シリコンの突起配列上に形成した SAM の鎖長と摩擦係数の関係を示す。図 2.21～2.24 の測定と同様に、この測定では、プローブ先端が平坦なカンチレバーを用い、外部から加える荷重をほぼ 0 にして、摩擦力を測定している。荷重を変化させる代わりに、突起の曲率半径を変えて凝着力を変化させ、摩擦力を引離し力で除して摩擦係数を求めている。通常の AFM カンチレバーを用いた測定よりも、低面圧の条件で摩擦が行われていることになる。C_{18} と C_{12} の間、C_8 と C_4 の間の摩擦係数の差は小さいが、全体的に見れば、鎖長が長くなるほど摩擦係数が低下する傾向が認められる。

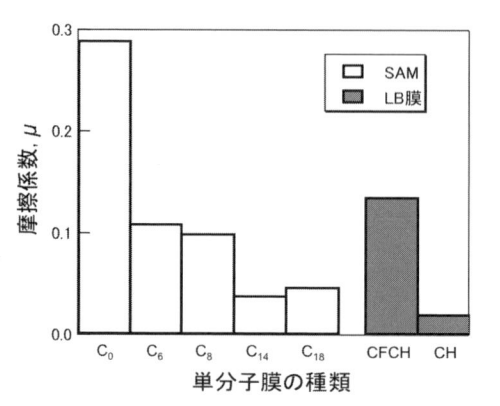

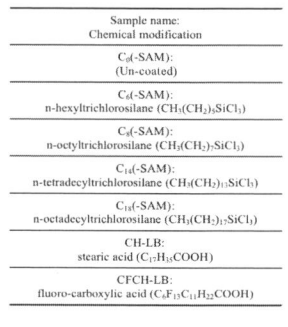

図 5.5　シリコン上に形成された単分子膜の分子の鎖長が長くなるほど、摩擦係数は低下する傾向がある。

SAM などの分子が被覆された表面で、摩擦力が低くなる理由として、よく引き合いに出されるのが絨毯で、絨毯の毛のように起立した分子が荷重を支えていて、摩擦力が低くなるというような説明を目にすることがある。このような説明を聞いて何となくわかったような気もするのだが、よくよく考えてみると、柔らかい部分で荷重を支えるので、硬い固体表面同士が荷重を支えているときよりも接触面積は広くなるはずである（図 5.6）。それでも摩擦が低いとすれば、毛のように立った分子が摩擦されるとき、そこでの単位面積あたりのせん断抵抗は、固体面が接触するときと比較して桁外れに低いことになる。第 4 章で、固体同士が接触している場合でも、弾性変形が支配的なときの摩擦力は極めて低くなる可能性について言及した。したがって、

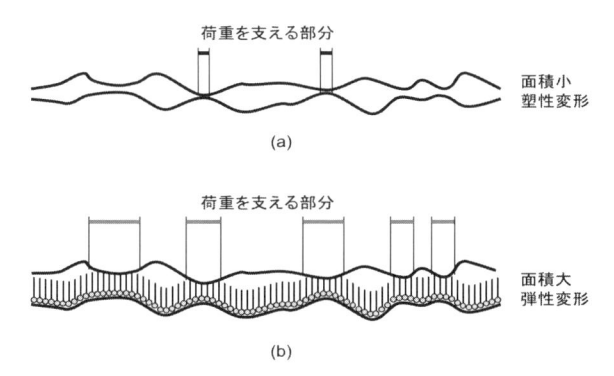

図 5.6　SAM や LB 膜などで被覆した面の摩擦はなぜ低い？。(a) 固体同士が直接接触する様子、(b) 分子の吸着した表面が接触する様子。

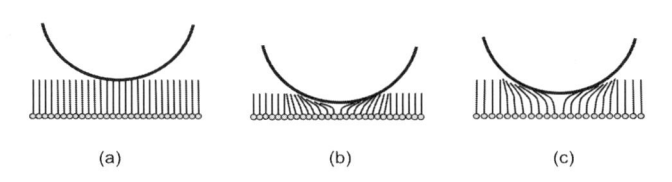

図 5.7　単分子膜が荷重を支える様子。(a) 高い密度で長い分子が並んでいると、アルキル鎖間の相互作用力が強いために、分子膜は変形しにくい、(b) 短い分子が並んでいるときは、アルキル鎖間に作用する相互作用力が弱いため、分子膜は変形しやすい、(c) 低い密度で分子が並んでいると、長い分子であっても、自由度が高いために分子膜は変形しやすい。

この仮説が正しく、かつ分子が荷重を支えて塑性変形を抑えているとしたら、SAM などで被覆された表面の摩擦力が低いことの説明はつくことになる。

　分子の鎖が長くなるにつれて摩擦係数が低くなる理由について考えてみると、短い分子では隣り合う分子との相互作用が小さいために荷重を支える能力が低く、長い分子では相互作用が大きく、膜に垂直な方向の剛性が高い。もし、どちらの分子も荷重を完全に支えていて、単位面積あたりの摩擦抵抗がそれぞれ同じであると仮定すれば、短い分子では荷重を支える面積が大きくなるために、長い分子よりも摩擦係数が高くなる（図 5.7）。なお、分子が荷重を完全に支えきれないとしたら、短い分子ほど固体接触が発生しやすくなるために、摩擦力が高くなるという説明も可能である。

【柔軟剤と寝ぐせ①】

　タオルや肌着を洗濯するときに柔軟剤を使うと、柔軟剤に含まれる分子（界面活性剤）が繊維の表面に吸着して繊維間の摩擦を下げる。その結果、繊維は自由に相対変位するようになり、ゴワゴワとした感じがなくなる。この分子にはアルキル基が含まれていて、これが摩擦の低減に役立っている。ただし、アルキル基に疎水性があるため、柔軟剤を使ったタオルは水を吸いにくくなっているように感じる。

　ところで、髪の毛の寝ぐせにも摩擦が影響してそうである。筆者の経験では、寝ぐせを直そうとして、水をつけたりお湯で濡らしたりしても、それほど効果はなかった。しかし、市販の寝ぐせ直しのスプレーを使うと、簡単に直すことができた。寝ぐせ直しを吹きつけて、髪の毛をとかしたところ、髪の毛の摩擦が低くなっていることに気がついた。寝ぐせ直しの容器に記載されている成分を見ると、ひまし油（不飽和脂肪酸とステアリン酸などの少量の飽和脂肪酸が成分）が入っている。おそらく、これが潤滑に効いているのであろう。

　試しに、髪の毛を 1 本だけ抜いて、そのまま曲げてみてももとに戻ってしまうが、曲げた状態でしばらくお湯に浸けておくと、癖が残った。温度を上げると確かにくせがつきやすくなるようだが、寝ぐせが起きるのは、風呂から出て冷えた後なので、温度の影響は考えられない。髪の毛の間の摩擦が大きいと、髪の毛の束が適当な方向を向いてしまったとき、そのままになってしまいやすい。洗髪の後に寝ぐせが起きやすいのは、髪の毛の油分が取れて摩擦係数が高くなるからであろう。

---

(3) LB 膜と SAM の比較

　SAM では分子がそれぞれ基板原子と化学結合するため結合は強固だが、

基板の原子間隔の影響を受けるため、分子の直径よりも分子の根元の間隔が広がることがある（その場合、分子は垂直ではなく傾いて立っている）。それに対し、LB膜は物理吸着をしているので基板との結合は弱いが、分子を整列させてから基板に固定しているために、分子の直径と分子の間隔はほぼ一致する。摩擦したときの耐久性について比較すると、SAMの方がLB膜よりも破壊されにくい。

　AFMを用いた測定による摩擦係数を比較してみると、ステアリン酸のLB膜とシラン系のSAMとでは、ステアリン酸のLB膜の方が低くなるようである（図5.5）。炭素数が18で、アルキル鎖長が同じ分子同士で摩擦係数を比較したところ、アルカンシランSAMの摩擦係数が0.05、ステアリン酸LB膜の摩擦係数が0.02という結果が得られている。AFMによる測定では、実験結果の信頼性に問題がある場合もあるが、摩擦係数に関しては、ある程度定量的な比較も可能である（その理由については、第7章で詳述している）。なお、金-チオールとシラン系のSAM同士の比較では、金-チオールの方が、摩擦係数が低くなる傾向があり、特にアルキル鎖が短いときに差が顕著に現れるようである[4]。

　SAMの方がLB膜と比較して摩擦係数が高くなる理由として、分子のパッキング密度（詰まり具合）の違いによる荷重負荷能力の差が考えられる（図5.7参照）。分子とそれに接触する固体表面との相互作用が単位面積あたり等しいと仮定すれば、摩擦力は荷重を支える面積が小さい方が低くなるという説明ができる。分子種の異なるLB膜を比較すると、図5.5に示すように、アルキル鎖の水素の一部をフッ素で置き換えた分子（CFCH）を用いると、ステアリン酸と比較して、パッキング密度が低くなり、このとき摩擦係数は高くなる。さらに、同じステアリン酸のLB膜を用いても、分子を基板に移し取るとき（図5.3）の圧力を下げ、基板上の分子の密度を低くすると摩擦係数が増加する傾向がある[5]。このようなことから、垂直方向に剛性の高い分子膜ほど摩擦係数が低くなると考えられる。しかし、SAMが摩擦されるときに、荷重が増加してSAMが傾くと、摩擦係数が高くなるという報告もある。したがって、垂直方向の剛性だけではなく、分子の構造（分子の横方向への自由度）も摩擦に影響しているかもしれない。いずれにせよ、分子の

関与する摩擦に関しても、今後さらなる検討が必要とされている。

以上述べてきたように、不明な点もあるが、単分子膜の摩擦特性を知ることは、境界潤滑のメカニズムを考える上での鍵になることは間違いない。

【柔軟剤と寝ぐせ②】

寝ぐせを直そうとして、髪の毛にお湯を直接つけても、すぐ冷えてしまう上、濡れたときに水の表面張力で髪の毛が引き合うために、かえって直しにくい状況を作っている可能性もある。寝ぐせ直しスプレーの成分には、エタノールが含まれており、(成分を溶かすことが主目的であろうが)表面張力を下げる役割をはたしているかもしれない。

リンスも寝ぐせ直しと同じ効果がある。リンスの成分には、界面活性剤が使われていて、これが吸着することで髪の毛の摩擦を下げているのである。リンスは髪の毛を柔らかくしていると思われがちだが、洗髪するたびに使うことからも髪の毛内部の性質を変えているとは考えづらい。髪の毛同士の間の摩擦が減ることによって、髪の毛がまとまった状態になっても曲がりやすくなり、柔らかく感じるのである。その点は、柔軟剤と同じ働きである。寝ぐせを防ぐ他の方法として、洗髪後にひまし油を塗ることが知られているようだが、その理由については、もう説明の必要はないだろう。

整髪料は逆に、髪の毛の間の摩擦を上げることによって、ヘアスタイルを整えている。整髪油は濡れた状態で、表面張力(+ラプラス圧力)と粘性抵抗によって、摩擦力を上げている。ヘアムースなどは、数本の髪の毛同士を弱く接着させているか、髪の毛表面の摩擦係数を増加させていると思われる。

5.3 原子的に平滑な面に作用する力

(1) マイカへき開面の摩擦

原子的なレベルで平滑な表面同士を摩擦させたとき、粗さのある表面とは著しく異なる摩擦挙動を示すことがある。第4章で紹介したマイカのへき開面同士の摩擦では、結晶の方向性を変えることで摩擦力が変化している(図4.4)。この実験では、測定に先立って加熱することで、表面に吸着している水を取り除いている。グラニック(S. Granick)は、荷重を変化させてマイカのへき開面の摩擦を測定している(図5.8)。例えば、$0.1\,\mathrm{N}$ の荷重を加えたときの摩擦力の大きさは $0.23\,\mathrm{mN}$ で、摩擦係数を求めると 0.002 程度とか

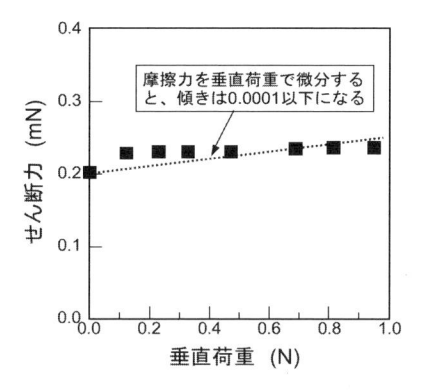

図5.8 マイカへき開面を摩擦したときの荷重と摩擦力の関係 [6]

なり低くなる。さらに注目すべきは、荷重に対する摩擦力の傾きで、摩擦力を荷重で微分すると、0.0001以下になる。この実験では、引離し力を測定していないので、凝着力の大きさがどの程度であったかは不明である。しかし、一定の大きさの凝着力が作用していて、それが摩擦力を増加させていたとすると、摩擦力を荷重で微分した値（0.0001）をとりあえず摩擦係数と見なすことができるかもしれない。

　グラニックの行った実験では、マイカ表面に水が吸着していて表面間に水が挟まれていたと考えると、流体潤滑であったために摩擦係数が低いという説明が可能であろう。第4章で紹介したストライベック線図（図4.7参照）を考えると、低速で摩擦係数が増加するのは、表面粗さの突起が接触するためである。原子的に平滑な表面が接触している場合は、流体膜が分子1層だけでも残っていれば、固体同士の接触は発生しない。そのため、流体潤滑の限界は低速側に大きく伸展し、容易に流体潤滑になる。

　以上が、クーロンの摩擦法則をもとにしたマイクロトライボロジーの知見（第2章参照）からの説明であるが、この説明には問題点が2つある。1つ目は、最初に摩擦力を荷重で微分した値（0.0001）を摩擦係数と見なしたことである。クーロンの摩擦法則は、表面粗さのある面を前提としている。真実接触面積が荷重に比例するために、摩擦力が荷重に比例し、摩擦係数が一定になる。原子的に平滑な表面が接触するときには、見かけの接触面＝真実

接触面となるため、荷重によらず摩擦係数が一定であることの裏づけがなくなってしまう。したがって、平滑面の摩擦を議論するときに、摩擦係数は参考にはなるかもしれないが、(凝着力を考慮した実効的な) 荷重と摩擦力の間の比例定数ではないことを確認しておく必要がある。2 つ目は、平滑面に挟まれた（と思われる）水分子を、バルクの流体と同じように考えたことである。実際に、狭い隙間では流体の挙動はバルクとは著しく異なる。流体が狭い隙間でどのような挙動を示すかについては、次項以降で詳しく見ていこう。

(2) ナノ隙間に挟まれた液体の粘度上昇

　自動車のエンジンのクランクシャフトの軸受には、滑り軸受が一般的に使われている。滑り軸受の通常の運転状態では、潤滑油が液体膜を形成して荷重を支え、固体の直接接触を防いでいる。完全な流体潤滑状態での摩擦損失は、流体の粘性によって生じる。理想的な液体（ニュートン流体）では、摩擦力は流体のせん断速度に比例するが、鉱油ではせん断速度が高くなるにつれて、摩擦力の増加の度合いは鈍くなってくるのが一般的である。また、圧力が高くなると鉱油の粘度が増加し、さらに圧力を増加させると固化することが知られている。

　以上がマクロな潤滑機構における液体の挙動である。ところが、液体膜の厚さが液体を構成する分子の大きさに近づいてくるナノ隙間では、マクロなトライボロジーの実験では観察されなかった特性が発現する。その発現の条件は、液体膜が薄くなったときに（部分的な）固体接触が生じないことで、そのためには液体膜が極めて平滑な平面に挟まれている必要がある。ドデカン〔$CH_3(CH_2)_{10}CH_3$、分子長は約 4 nm〕中でマイカのへき開面を滑らせた実験では、表面間の距離が減少するにつれて、摩擦力が急激に増加する様子が観察される。そのときの摩擦力から求められた粘度を表面間距離の関数として表すと、図 5.9 のようになる。バルクの粘度が、約 1 mPa·s なので、隙間が 4 nm のとき既にバルクの粘度よりも 10 万倍ほど高くなっている。隙間がさらに狭くなると、粘度が急激に増加する。

　ところで、第 4 章で摩擦力に影響を与えていた水の場合はどうなるのだろうか。図 4.10 では、摩擦速度の増加により 6 μN 以上の摩擦係数の増加が認

第 5 章　ナノトライボロジー

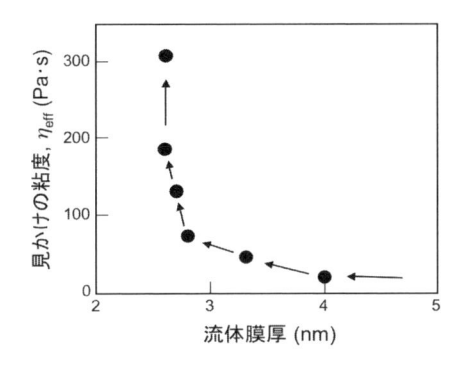

図 5.9　平滑な面に挟まれたドデカンの流体膜厚が薄くなると、見かけの粘度が急激に増加する[7]。

められた。潤滑油の粘度は、自動車のエンジン油を例にとると 60 mPa·s 程度である。それに対して水の粘度は、0.89 mPa·s（25℃）であり、2 桁程度小さい。実際にこのバルクの水の粘度を用いて、水の架橋の粘性抵抗を大ざっぱに見積もって見る。水の架橋のサイズが、直径 10 μm、厚さ 1 nm であるときに、10 μm/s の相対速度で固体表面が移動すると、そのとき発生する粘性抵抗は、約 3 nN になる。したがって、この程度の力が 6 μN の摩擦力変動に影響を与えていたとは考えにくい。

　このような実験結果に対する 1 つの説明としては、水の場合も液体膜の厚さが薄くなると、見かけの粘度が増加することである。水に関しては、狭い隙間に閉じ込められたときに、見かけの粘度が上昇することを直接的に示すデータはまだ少ない。しかし、水が疎水性のグラファイトに挟まれたときには粘度上昇が見られないのに対し、ガラスやマイカに挟まれたときには粘度の増加が認められたという報告もある[8]。したがって、図 4.10 の場合も、このような粘度増加が起きていたのかもしれない。

（3）整列する液体分子と相互作用力

　液体を構成する個々の分子は、それぞれ固体表面の原子や分子と相互作用をしており、固体の表面近くではある程度整列した状態になっている。ナノ隙間で、見かけ上の粘度が増加するのは、その整列状態が隙間全体にわたっ

て維持されていて、バルクとは異なった特性を示すためである。分子が整列することによる液体の特性変化は、液体中で固体表面を接近させようとしたときにも発現するため、隙間を狭くしていくときの力を測定することで、それから逆に分子の整列状態を知ることができる。

例えば、SFA（surface force apparatus：表面間力測定装置）を用いて、極めて平滑な表面間に作用する相互作用力を液体中で測定すると、ナノスケールの隙間で、力が周期的に変化する様子が観察される。特に、OMCTS（Octamethylcyclotetrasiloxane）という球状分子で、このような力の変動が明瞭に観察される〔図5.10(a)〕。この力の変動の周期はほぼ一定で、その距離は約0.8nmである。この変動の周期が分子の直径にほぼ一致していることから、周期的な力の発生には、分子の整列の状態が関わっていることがわかる。図(b)に示すように、分子が整列した状態では、それを崩すために大きな力が必要になり、斥力が最も大きくなる。その逆に、整列状態が崩れているときは、引力が最大になる。その結果、平面間の垂直方向に作用する力を測定すると、斥力－引力－斥力－引力・・・と周期的に変化することになる。なお、表面間にはファンデルワールスエネルギーによる引力も同時に作用しているが、粘性の効果の方が大きいために、測定される力としては斥力側にシフトしている。

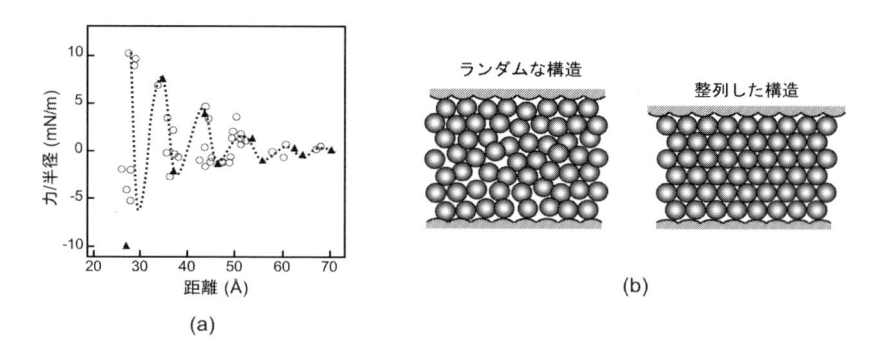

図5.10 液体分子の整列とそれが崩れるときに生じる周期的な力[9]。(a) 液体（OMCTS）の整列によって発生する周期的な力の周期は、液体分子の直径に一致する、(b) ランダムな構造が整列するとき（左から右の構造になるとき）に引力が生じる。その逆に、整列した構造を崩すときには、斥力が作用する。

コンピュータシミュレーションでも、固体間に挟まれた液体や分子の挙動が計算されている。単原子層の液体分子を固体界面から押し出そうとするとき、押し出される分子の大きさに、固体表面の原子間隔を一致させると、液体がロックされて押し出せなくなってしまう。また、シリコンに挟まれた水分子に関する計算では、シリコンの表面に H（水素）がついたときと、OH 基がついたときとで異なる挙動を示す。疎水性となる Si-H 表面に挟まれたときには水の分子が比較的容易に抜けていくのに対し、親水性となる Si-OH 面に挟まれたときには水が抜けにくくなるという計算結果が得られている[11]。したがって、分子そのものの特性に加えて、固体の原子（分子）と液体分子の相互作用が、ナノ隙間の液体の挙動の鍵を握っている。

5.4 ナノスケールの接触面積に作用する力

(1) AFM のコンタクトモードによる原子像

　AFM のカンチレバーのカタログによると、カンチレバーのプローブ先端の曲率半径は、10〜20nm である。この値は、年々小さくなる傾向があり、AFM が市販されるようになった頃の AFM カンチレバーのカタログに記載されている値と比較して、数分の一になっている。ところで、プローブ先端の曲率半径をどんなに小さくしても、プローブを試料表面に接触させるときに、原子1個だけを接触させることは難しい。実際に、プローブが金属などの表面に接触するとき、接触面積は原子1個の大きさよりはるかに大きくなる。

　例えば、AFM のプローブが親水性表面と接触するとき、荷重を慎重にコントロールして、1nN に設定しても、大気中では接触部に水が凝縮するために、設定した垂直荷重よりも大きな力が働く。例えば、プローブの先端曲率半径が $R_s = 20$nm だとすると、第3章で見たように、ラプラス圧力による凝着力は、$4\pi\gamma R_s \approx 20$nN 程度になる。このときのヘルツ接触円の半径は約 5nm となるので、数百個の原子がプローブに接触していることになる（図 5.11）。ところが、グラファイトやマイカなど層構造を有するサンプルの表面を測定すると、不思議なことに原子像が現れてくる（図 5.12）。

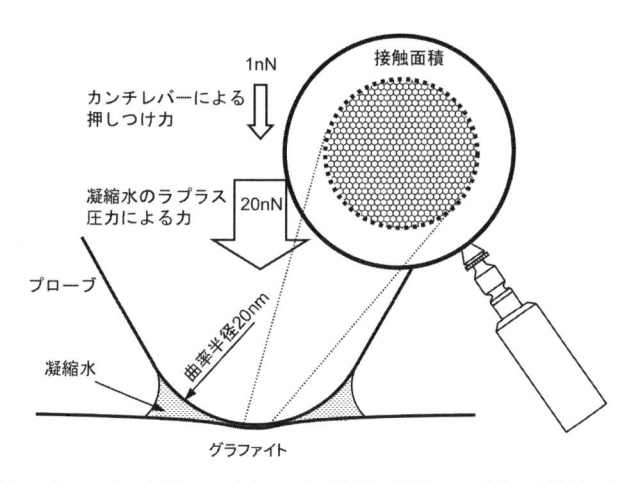

図5.11 プローブとグラファイトの接触面積とグラファイトの結晶格子の比較

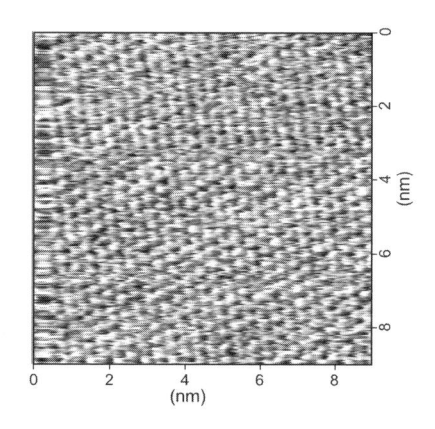

図5.12 コンタクトモードで測定したマイカ表面の原子像

　このような方法で観察された原子像には、結晶面にはあるはずの格子欠陥が見られない。その理由として、サンプル表面が層状構造であり、接触面積が格子間隔よりも大きいことから、サンプル表面から剥離したフレーク（小片）が、結晶構造を保ったままプローブの先端についていることが考えられる。例えば、マイカを摩擦する場合、その表面から剥がれたフレークがプローブの先端に付着する。フレークは、プローブとともに移動するので、マイ

力の層間で摩擦が起きていることになる。プローブに付着したフレークの原子配列はサンプルの原子配列と同じなので、接触しているフレークの各原子は、サンプルの原子から同じ方向の力を同時に受ける。このため、接触面積が格子間隔と比較してはるかに大きくても、原子像が現れているように見える。しかし、例えばサンプル表面で1個の原子が欠落していても、整列している他の原子から受ける力の方が大きいために、その欠陥を検出することはできない。

(2) 摩擦時に横向きに現れる水平力

コンタクトモードの AFM では、試料の表面を観察するときに、プローブ先端に作用する表面に平行な力（水平力）を検出することができる。通常は摩擦方向に作用する力をカンチレバーのねじれから検出して、それを記録し位置の関数として表示することで、表面の摩擦力分布を知ることができる。このような AFM を用いて、グラファイトの表面を走査するときに、摩擦（x）方向に作用する水平力だけではなく、摩擦方向に対して面内で垂直な横方向（y方向）に作用する水平力を同時に測定すると、図5.13 のような水平力分

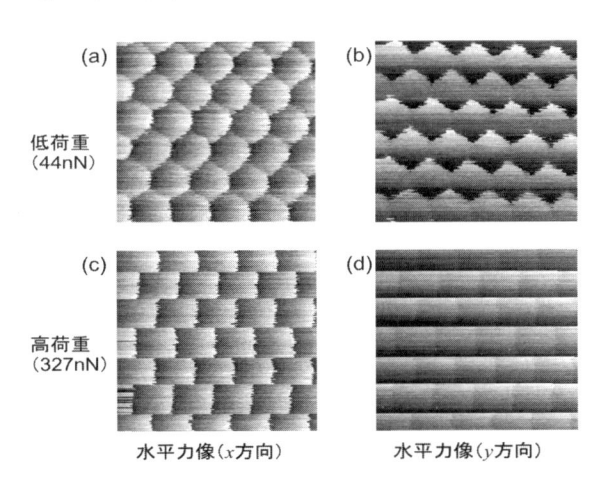

図5.13 2次元量子摩擦力像。摩擦方向の力変動が x 方向の水平力像に現れる。そのとき摩擦と直角方向にも力が作用し、y 方向の水平力も変化する（相対的に強い力が作用しているところは明るく、弱い力が作用しているところは暗く表示されている）[12]。

布が得られる。

　垂直荷重を増加させていくと、図 5.13 に示すように荷重によってそれぞれの方向の水平力像が変化していく。摩擦（x）方向に作用する力は、荷重が低いときには六角形かあるいは丸みを帯びた形であるのに対し〔図(a)〕、荷重が増加すると正方形に近づく〔図(c)〕。このとき、y 方向に作用する力も、荷重の増加によって変化している。荷重が低いときには三角形であるのに対し〔図(b)〕、荷重が高くなると、（y 方向の）明暗が走査ラインによって異なるだけになって、摩擦（x）方向の周期性はほとんど認められなくなる〔図(d)〕。

　図 5.14 は、摩擦中にプローブ先端がたどった軌跡で、三角形の頂点にある丸（●／○）は、スティックポイントを表す。また、プローブの先端の変位を示す水平力波形も、併せて示している。プローブの先端の中立位置が①の線の上にあるときは、横方向（y 方向）にはプローブはほとんどずれないで移動する。このとき、水平力信号としては、摩擦方向（x 方向）にノコギリ歯状の波形が記録される。プローブの先端の中立位置が①と②の間にあると

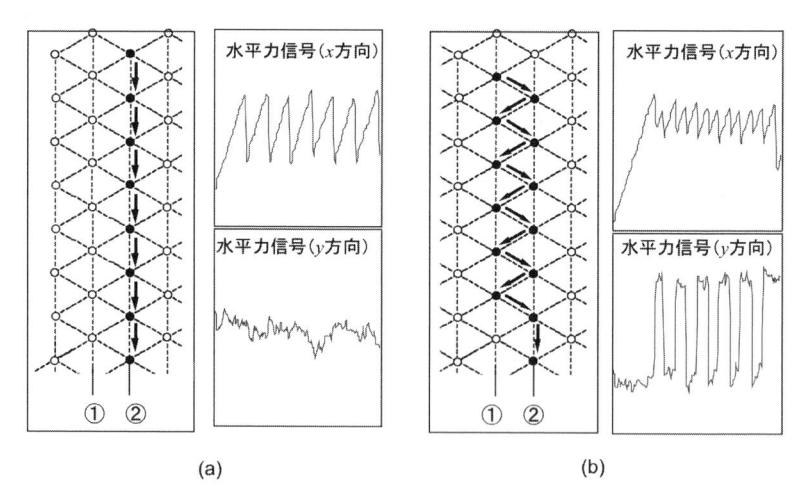

図 5.14　2 次元量子摩擦でプローブが受ける力とプローブ先端の軌跡 [13]。(a) プローブの先端が②のスティックポイントに沿って移動するときは、y 方向の力は作用しない、(b) プローブの中立位置が①と②の中間にあるときは、y 方向の力が作用するようになり、x 方向の力の周期は 1/2 になる。

きは〔図(b)〕、プローブの先端は①と②の上のスティックポイントの上を交互に動いて進む。このため、水平力信号としては、y 方向に矩形の信号が記録され、x 方向のノコギリ状の波形の周期は、図(a)の半分になる。

x 方向のノコギリ歯状の波形は、スティックとスリップを繰り返していることを現し、スティックしている点では、変位とともに摩擦力が増加するために、ノコギリ歯のスロープ部分の信号が検出される。このとき、図 5.13 の x 方向の水平力像では明るさが連続的に変化している。スリップしている点では、摩擦力が急激に低下し、水平力像（x 方向）では明暗が切り替わっている。このとき、図 5.13 の y 方向の信号についてみると、図(a)では、y 方向の水平力信号が変化しないため、そのときの水平力像の明るさは常に一定になる。図(b)の場合には、矩形の信号が記録されているため、水平力像では、1 本の走査ラインの中で急激な明暗の変化が現れている。荷重が増加するにつれて、プローブの先端の中立位置が①と②の間にあっても、図(b)の動きが発生しにくくなり、y 方向の水平力信号の変化が消失する。ただし、x 方向のスティックスリップは続いている。

プローブ先端のスティックされる位置を追いかけていくことで、グラファイトの表面には、図 5.15 のように、結晶の構造を反映したスティックポイントが 2 次元的に分布していることがわかった。垂直荷重が高くなると、x 方

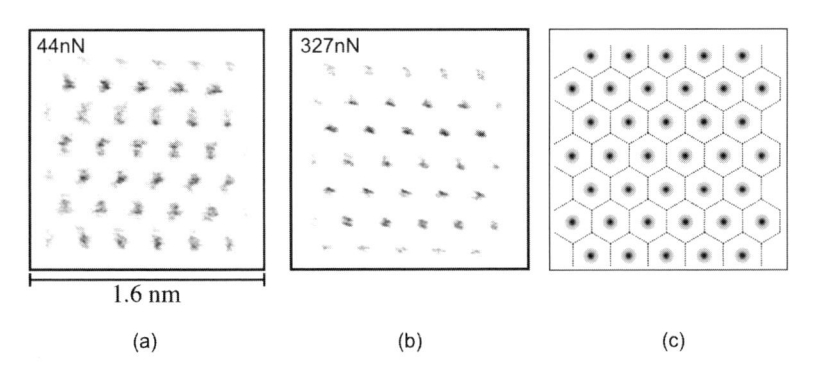

図 5.15 2 次元量子摩擦では荷重を増加させるとスティックポイントは収束していく[12]。(a) 荷重が 44 nN のとき、スティックポイントは広がっている、(b) 荷重が 327 nN に増加すると、スティックポイントはそれぞれ一点に収束していく、(c) 収束点をグラファイト表面に重ねると、六角形の原子の中心 (ホローサイト) に一致する。

向もy方向も高荷重ほど水平力像のコントラストが明瞭化して、それに伴いスティックポイントの分布が一点に収束していく。収束した点の分布した形を見ると、それぞれの点が三角形を形作っている。そこにグラファイトの結晶の形を重ねてみると、グラファイトの六角形の中央に収束点が位置している。プローブの先端が原子1個ほどに鋭く尖っているとすると、プローブの先端は、グラファイト原子のない部分に押し込まれていることになる。また、プローブの先端にグラファイトのフレークが付着していたとすると話はやや複雑になるが、六角形の半周期ほどずれた位置で押し込まれていると考えれば、原子1個が飛び出しているときと同じ結果になる。

このようなスティックポイントが存在することは、ナノの領域でないと確かめるのが難しい。多結晶の金属が、μm^2やmm^2のサイズの接触面積で接触しているときは、力や変位の測定感度をどんなに高くしても、原子サイズのスティックスリップを見ることはできない。摩擦力あるいは水平力に結晶構造が反映され、図5.15のようなスティックポイントが現れるようにするためには、単一原子の摩擦であるか、同一の結晶構造を有する2つの面が摩擦される必要がある。結晶の形や原子間隔が一致していれば、それぞれの原子は同じ方向の力を受けるために、格子周期に一致したスティックスリップが発生する。したがって、ナノトライボロジー特有の現象を観察するためには、荷重や接触面積だけではなく、周期性も重要な鍵を握っていることになる。

(3) 単一原子に作用する摩擦力

コンタクトモードのAFMで、プローブがサンプル表面から受ける垂直反力を検出しながら、それを極限まで小さくしても、凝着力のために原子の大きさと同じくらい小さな接触面積を得ることは難しいことを述べた。しかし、液中や乾燥した真空中で凝縮水の影響を排除しても、実際のところコンタクトモードでは検出感度などに限界があるため、原子1つが接触した状態を検出して、その状態を維持することは困難である。AFMの空間分解能をさらに高くするためには、コンタクトモード以外の力の検出方法を採用する必要がある（図5.16）。

カンチレバーを振動させて、その振動を検出することで、より小さな力を

第 5 章　ナノトライボロジー

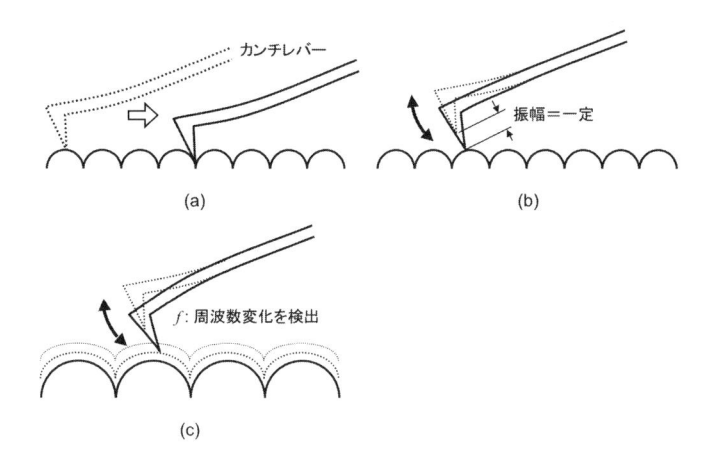

図 5.16　形状測定のための AFM の代表的な測定モード。(a) コンタクトモードでは、カンチレバーのたわみを一定に維持する、(b) タッピングモードでは、カンチレバーを振動させながら試料表面にぶつけ、その振幅を維持する、(c) ノンコンタクトモードでは、カンチレバーを振動させ、表面近傍のポテンシャル勾配を周波数変化から検出する。

　感知することができるようになる。振動の検出方法には 2 通りあり、振幅変化あるいは周波数変化を検出する。検出感度は、後者の方が前者よりも高い。振幅変化を検出する方法は市販の AFM に広く採用され、振動したプローブで試料をたたきながら観察することから、タッピングモードと呼ばれることが多い。高速で振動しているプローブサンプル表面にぶつかっているので、サンプルにダメージを与えてしまうように感じられるが、実際にはコンタクトモードと比較するとカンチレバーが試料表面に与える力は小さい。そのためタッピングモードは、特に柔らかい表面を観察するのに適している。また、摩耗粉が付着している表面の測定も行いやすい。周波数変化を検出する方法では、プローブがサンプルに接触していなくても、表面から受ける非常に弱い力を知ることができる。プローブの先端にある 1 つの原子と、サンプル表面の一つひとつの原子との相互作用を測定することで、コンタクトモードやタッピングモードでは実現できなかった真の原子分解能で表面を観察することができる。

　周波数変化を利用した測定法では、サンプル表面に垂直方向にカンチレバ

一を振動させる方法が一般的だが、水平方向に振動させて測定する方法についても検討が行われている。垂直方向に振動させたときには、引力や斥力など垂直方向に作用する相互作用力の距離による変化（力の勾配）を検出していることになる。例えば、同じ力が作用していた場合でも、距離が遠ざかったときに急激に力が低下する（力の空間勾配が大きい）方が、周波数変化は大きくなる。水平方向に振動させる場合は、プローブ先端が横方向に移動したときに、プローブに対して水平方向に作用する相互作用の変化を測定する。しかし、原子間に作用する力が距離によって変化する場合、図 5.17 のように、水平方向の力の変化は、垂直方向よりの力の変化と比較してかなり小さくなる。したがって、垂直あるいは水平振動によって、力の変化を検出しようとしたとき、水平方向の方の感度は垂直方向よりも低くなる。そのため、原子分解能で水平力を測定することは、垂直方向の振動による形状測定と比べると難しい。それでも、様々な工夫によって、横方向にプローブを振動させた原子分解能の測定が可能になっている。

ところで、プローブをサンプルの表面に対して平行に振動させて検出した原子分解能の水平力は、原子 1 つに作用する摩擦力と呼べるのだろうか。原子よりも大きなスケールの摩擦を考えたとき、摩擦中に作用する摩擦力（動

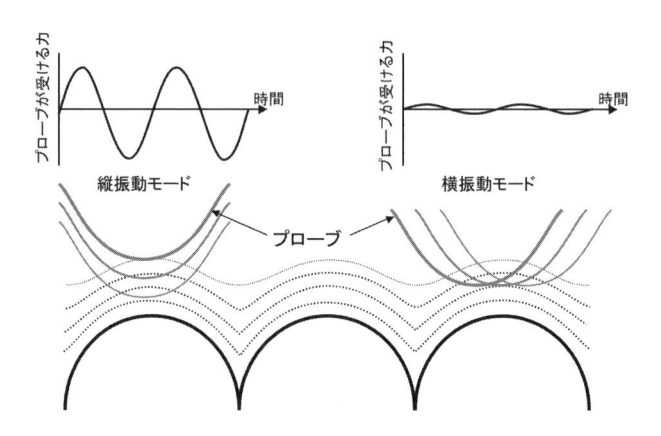

図 5.17 縦振動モードと横振動モードの比較。プローブを水平方向に振動させる横振動モードで、プローブ先端が感知する力の変動は、プローブが法線方向に振動する縦振動モードと比較するとかなり小さい。

摩擦力）は、エネルギーの散逸を伴っている。別の言い方をすれば、水平力が周期的に変化しても、そのときにエネルギー散逸がなければ、摩擦力は働いていないことになる。水平方向の振動によって単一原子間に作用する力を測定できたとしたら、その力はエネルギー散逸や力のヒステリシスとは直接関係はなく、水平方向に原子を動かすときに作用するポテンシャルの変化を反映している。したがって、横振動のAFMで測定される原子分解能の水平力は「動摩擦力」よりも「静止摩擦力」に近いことになるのかもしれない。

5.5 ナノからマクロへ

転がり軸受は、機械の中では広く用いられているが、生体では、微生物も含めて転がり摩擦を利用している例はなく、接触部が滑ることによって相対運動が行われている。滑り摩擦の変わった例では、バクテリアのべん毛モータがある。サルモネラ菌が液体の中を進むときには、べん毛を回転させて進む。このとき、べん毛をねじっているのではなく、べん毛の根元には滑り軸受があって（図5.18）、そこで支持されたべん毛が回転するのである。このような軸受の摩擦抵抗は限りなく0に近い可能性がある。

生体内で滑り運動をしている機構の中で、もう少し身近な例としては、膝

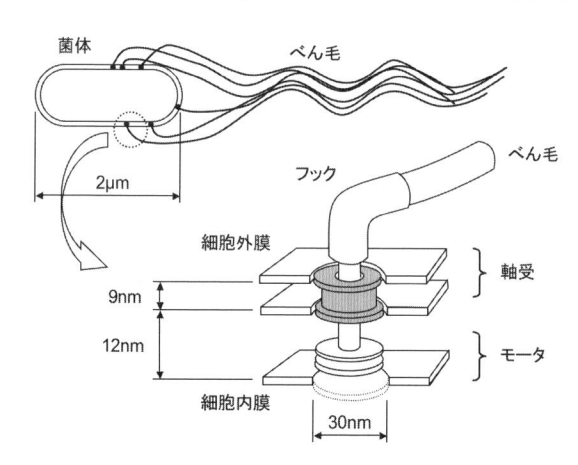

図 5.18 サルモネラ菌はべん毛をモータでスクリューのように回転させて移動する[15]。

や肘などの関節があり、これらの関節の摩擦も十分に低い。例えば、自分の膝の関節を思い浮かべて欲しい。歩くときに抵抗を感じたことがあるだろうか。これまでの研究によって、人の膝の摩擦係数は 0.05 程度ということがわかっている。これには関節の周りの靱帯などの軟組織の変形抵抗も含まれているので、「滑り軸受」の部分だけを取り出したときの摩擦係数は 0.01 以下にもなる。バクテリアには及ばないが、転がり軸受に匹敵する摩擦係数である。このような低い摩擦係数は、関節液による流体潤滑を考えないと説明しづらいが、滑り速度が極めて遅いので、流体潤滑のモデルを単純に適用することはできない。そこで、関節軟骨から関節液が絞り出されながら摩擦されるスクイーズ効果による潤滑機構などが提案されているが、関節軟骨に低摩擦を実現する仕組みがあるのかもしれない。

　生体軟骨に似た材料で、液体を含んだ高分子ゲルが、0.01 あるいは 0.001 以下の摩擦係数を示すことが知られている。ゲルの摩擦力は、見かけの接触面積に比例するという特徴があり、その点からは流体潤滑的な効果が寄与しているとも考えられる。また、高分子の鎖を固体表面に固定化したポリマー

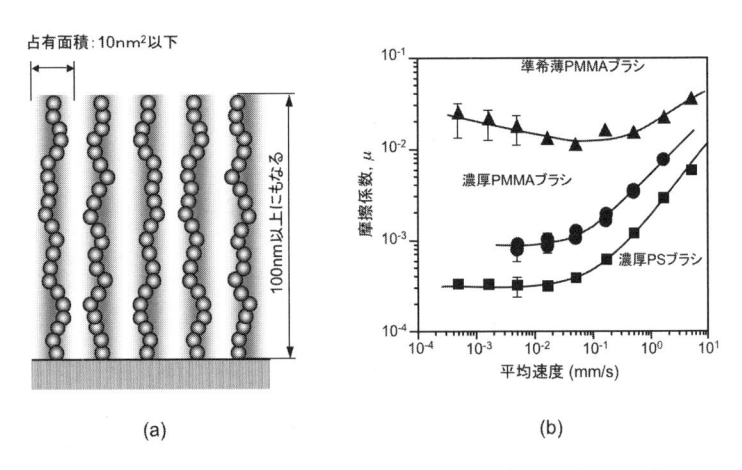

図 5.19　濃厚ポリマーブラシの構造と、トルエン中で測定したゲルに対する PMMA（ポリメタクリル酸メチル）および PS（ポリスチレン）ブラシの摩擦特性 [17]。(a) 濃厚ポリマーブラシは分子が密に垂直に立っていて、荷重負荷能力が高い、(b) ポリマーブラシが垂直に立つようになると、摩擦係数が大きく低下し、低速領域でも低摩擦が維持される。

ブラシも、極めて低い摩擦係数を示す。中でも、高分子の鎖が伸びきった状態で表面に垂直に立っている濃厚ポリマーブラシ〔図5.19(a)〕同士を摩擦させると、0.0005という摩擦係数が得られる。これは、真空中で成膜したMoS_2の摩擦係数（0.001、第4章参照）よりもさらに低い。摩擦係数の速度依存性〔図(b)〕を見てみると、低速域からさらに速度を低下させても摩擦係数の増加が見られないことから、混合潤滑域あるいは境界潤滑域での摩擦と考えられる。ゲルや濃厚ポリマーブラシは、水や有機溶媒を含んでいたり、柔らかかったりするので、機械部品にそのまま適用することは難しいかもしれないが、機械の省エネルギー化を考えたときには、魅力的な摩擦係数である。

ゲルやポリマーブラシが、なぜこのように低い摩擦係数を示すかについては、いろいろと議論されている。1ついえることは、固体接触が起きているとしても、そこでの接触は極めて均一な状態になっているということである。超潤滑であったり、LB膜の摩擦であったり、均一な接触状態のときには、極めて低い摩擦係数を得ることができる。ゲルやポリマーブラシは極めて柔らかいので、表面粗さの影響を受けにくく、均一な接触状態を実現することができる。そのように考えると、ナノトライボロジーでしか観察ができなかった低摩擦が、マクロなトライボロジーに現れていることになる。

ナノトライボロジーの知見をマクロなトライボロジーに応用していくのは、簡単なことではないが、ゲルやポリマーブラシは1つのヒントを与えてくれている。よくなじんだ摩擦面の粗さはナノメートルのオーダーになることもあるので、もう一歩で、ナノトライボロジーの領域に入るところにある。そこに、粗さを埋めるようなサイズの分子を導入したり、ナノメートルスケールに制御された構造を組み込んだりすることができれば、ナノトライボロジー固有の現象をマクロなトライボロジーの世界で発現させることも期待できる。

第6章

ミクロな視点から捉えた摩耗現象
－摩耗を利用した加工と摩耗を支配する力－

6.1 AFM を用いた摩耗試験方法

(1) 摩耗試験機として AFM を利用する

　AFM (atomic force microscope) は、マイクロトライボロジーにおける摩耗試験機としても用いられる。AFM の垂直方向の分解能は、0.1 nm よりも通常小さいので、材料の初期摩耗や磁気ディスク表面の保護膜など薄膜の耐摩耗性を評価するとき、AFM は有用な試験装置になる。また、材料の被加工性をナノメートルのスケールで評価するときにも、AFM が大いに活躍する。

　図 6.1 に、AFM を用いた一般的な摩耗試験の方法を示す。AFM で摩耗試験を行う場合は、通常よりも強い力で AFM のプローブを試験片表面に押しつけて試験片表面を意図的に摩耗させる面走査（摩耗走査）と、その摩耗痕を通常の荷重で観察する面走査（観察走査）を繰り返して行う。最初に、タッピングモード、あるいはコンタクトモードであれば、できるだけ低い荷重で観察走査を行い、表面の形状を確認しておく。次に、大きな荷重でプローブを試験片に押しつけ、最初に形状を測定した範囲よりも狭い範囲で摩耗走査を行う。適当な回数の摩耗走査を行った後に、再び最初に形状を測定した範囲で観察走査を行い形状の変化を調べると、表面が四角く掘られたように摩耗した様子を観察することができる。

第6章 ミクロな視点から捉えた摩耗現象

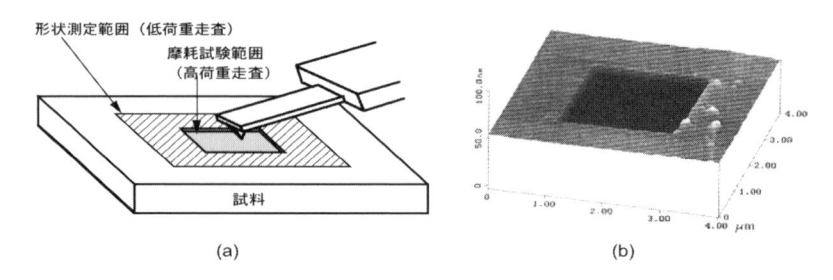

図 6.1 AFM を用いた一般的な摩耗試験方法と摩耗した表面。(a) 狭い範囲を高荷重で走査し、摩耗させた跡を広い範囲で走査して観察する、(b) シリコン表面をダイヤモンドプローブで摩耗させた様子[1]。

図 6.1 の例では、シリコン表面に対して、荷重 40μN の摩耗走査を1回行い、300nN の荷重の観察走査により形状を測定している。このように、摩耗走査と観察走査を繰り返して摩耗特性を評価する試験においては、摩耗走査によってプローブの先端が摩耗してしまうと、観察走査で正確に形状を求めることが困難になる。そこで、このような摩耗試験ではダイヤモンド製のプローブがよく用いられている。

市販の単結晶シリコンのプローブを用いて、このような摩耗試験を実際に行ってみると、意外と難しいことに気がつく。シリコンよりも十分に柔らかい金属を対象とした場合でも、マイクロニュートン程度の大きな荷重で摩耗（というより切削）しようとすると、容易にシリコンのプローブが折れるか摩耗してしまうようである。そのため、平面走査をしたときに、最初の1または2本の走査ラインのところだけ深く摩耗して、それ以後は摩耗量が極端に小さくなる。また、プローブが摩耗しない場合でも、走査ラインが近接していると1つ前の走査ラインの摩耗痕が次の走査ラインに影響を与えるため、2本目の走査ラインが1本目よりも深くなることもある。

平面で走査するときに走査ラインの間隔を十分に広げるか、図 6.2 のように独立した線を引くようにして、その跡を観察するようにすれば、走査ライン同士の干渉がなくなる（この場合、摩耗試験というよりもスクラッチ試験と呼んだ方が適切かもしれない）。そのため、プローブ先端が試験片表面に食い込むような荷重条件では、独立した走査ラインによるスクラッチ試験の方

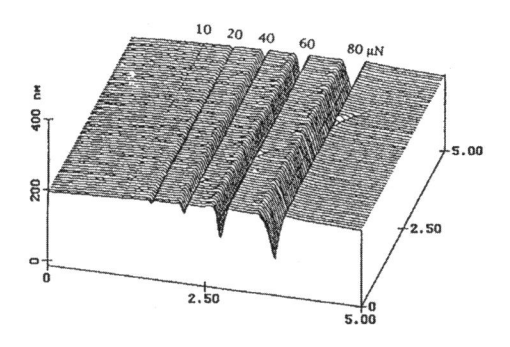

第6章 ミクロな視点から捉えた摩耗現象

図6.2 AFMによる引っ掻き試験で形成された溝[1]

が行いやすい。しかし、1回の走査だけでは、摩耗痕がはっきりと確認できないような材料や荷重で試験を行いたいときには、スクラッチ試験よりも、複数回の面走査を行う摩耗試験の方が適している。

(2) 摩耗試験におけるカンチレバーの選択

図6.1や図6.2の例のように、摩耗走査と摩耗痕を観察するための観察走査とで、同一のプローブを用いることの利点は、摩耗走査の回数の増加とともに摩耗が進行していく様子を容易に観察できるところにある。問題点としては、形状観察を正確に行うことを考えると、摩耗走査にも鋭いプローブを用いなければならないこと、またプローブが摩耗すると摩耗痕の観察結果に影響を与えてしまうので、試験片よりもプローブが硬くなければならないことなど、実験条件が限定されてしまう点が挙げられる。このようなことから、同一のプローブを用いた摩耗試験の形態は、単一の硬突起によるアブレッシブ摩耗（次ページ参照）の試験に限定されてしまう。

摩耗走査と観察走査とで、カンチレバーを交換すれば、摩耗走査で先端の鋭いプローブを用いる必要がなくなり、接触面積を広くした摩耗試験を行うことも可能になる。ただし、摩耗走査を行った場所をAFMで観察するためには、観察走査用のカンチレバーに交換したときに、観察用プローブの位置を摩耗走査した場所に合わせなければならない。そのためには、カンチレバーを取りつけた状態で試験片を直上から観察できる光学顕微鏡が必要とな

る。さらに、カンチレバーをいったん交換すると、もとに戻したときに、その前に摩耗走査を行った部分と正確に一致させて摩耗走査することは難しい。したがって、観察と摩耗とで別々のカンチレバーを用いる場合は、摩耗走査の範囲を再位置決めの誤差よりも十分に大きくする必要がある。

単結晶ダイヤモンドのプローブが、先端に固定されているステンレス製のカンチレバーを用いて、摩耗試験を行うことがある。このようなカンチレバーを用いるときには、取りつけるときにカンチレバーの突き出し長さを調整することで、カンチレバーのばね定数を調整でき、摩耗試験に適した荷重の設定が行いやすい。このような場合、一般的な光てこ方式の変位検出機構では、カンチレバーの長さの増加に伴い変位の検出感度が低下してしまうこ

【摩耗形態の分類】

摩耗形態は、一般的に次のように分類されている。

・アブレッシブ摩耗

　一方の材料が硬いときや、摩擦面に硬い粒子が介在するときに、柔らかい材料に生じる摩耗。ヤスリを用いた加工はその典型的な例である。摩耗粉の生成形態に着目して、さらに、切削型、ウェッジ形成型、掘り起こし型の3つの摩耗形態（図6.13）に分類される。

・凝着摩耗

　最も一般的な摩耗形態。十分な潤滑を行わずに、同じような硬さの金属同士を摩擦させたときに見られる。同種の金属同士（ともがね）では摩耗が大きいことが経験的に知られている。さらに、シビヤ摩耗とマイルド摩耗に分類することもある。

・腐食摩耗

　環境との化学反応が支配的な摩耗。摩耗によって反応活性が高い表面が現れるために、腐食環境では、摩擦によって化学反応が進みやすくなる。

・フレッチング

　摩耗が発生する機構の動作に着目した分類で、微小振動に伴って発生する。軸のはめ合い部やボルト結合部に、接線方向の振動が加えられたときなどに発生しやすい。

・エロージョン

　高速で衝突する液体/気体中に含まれる粒子による損傷。配管の曲がっている部分で発生することが多い。

　これらの摩耗以外にも、トライボロジーに関する表面損傷があり、代表的なものに、転がり軸受などで見られる「転がり疲れ」や、潤滑不良の滑り軸受などに見られる「焼付き」がある。

とが懸念される。しかし、実際には、ばね定数を一定に保ったままカンチレバーを長くした場合、光てこによる力の検出感度は、カンチレバー長さ（の1乗）に反比例するだけなので、極端な感度低下は生じない（第7章参照）。光てこの検出感度は、変位センサと大ざっぱに比較して、もともと1桁以上高いため、仮に長さ $100\mu m$ のマイクロカンチレバーの代わりに、ばね定数が等しい $10 mm$ の長さの金属製カンチレバーを使っても、原理的にはナノメートルオーダーの分解能の形状測定が可能である。

(3) 特殊なカンチレバーを用いた摩耗試験

摩耗走査と観察走査とで、カンチレバーをわざわざ交換しなくても、それぞれで異なるプローブを利用する方法もある。例えば、FIB（focused ion beam）加工などの微細加工技術を利用して、プローブ以外に摩擦をする部分をカンチレバー上に設ければよい。摩擦を行う部分とプローブの相対的な位置関係は変わらないので、観察走査と摩耗走査とでプローブを容易に切り替えることが可能になる。

図6.3は、摩耗走査と形状測定を独立させる目的で、筆者が作製した3種類のカンチレバーを示す。図(a)は、通常のシリコン製のカンチレバーの横に、厚さ $5\mu m$ 程度の単結晶シリコンの薄片を取りつけたものである。薄片の先端部が試験片との摩擦面になる。試験片上の摩擦部は突起状に仕上げられているために、このカンチレバーを含め、カンチレバー上の摩擦面は平坦面になっている。図(b)は、$25\mu m \times 50\mu m \times 300\mu m$ の単結晶シリコン梁を、左右2つに切断し、一方には摩擦面を他方には形状測定用のプローブを形成したものである。図(c)は、図(b)と同じ単結晶シリコン梁をベースにして、先端に形状測定用のプローブを形成し、その根元寄りに摩擦面を形成している。

図(a)～(c)のそれぞれに一長一短がある。図(a)のように、摩擦用のカンチレバーを取りつける方式では、摩擦面の材質を自由に選ぶことが可能であるが、特に摩擦用のカンチレバーを取りつけるのが難しく時間もかかる。図(b)のように、2本のカンチレバーを平行に形成する方法では、それぞれのカンチレバーのばね定数を独立に設定することが原理的に可能である。しかし、実際にはFIBで加工するときに、ビームを当てる方向をうまく工夫しない

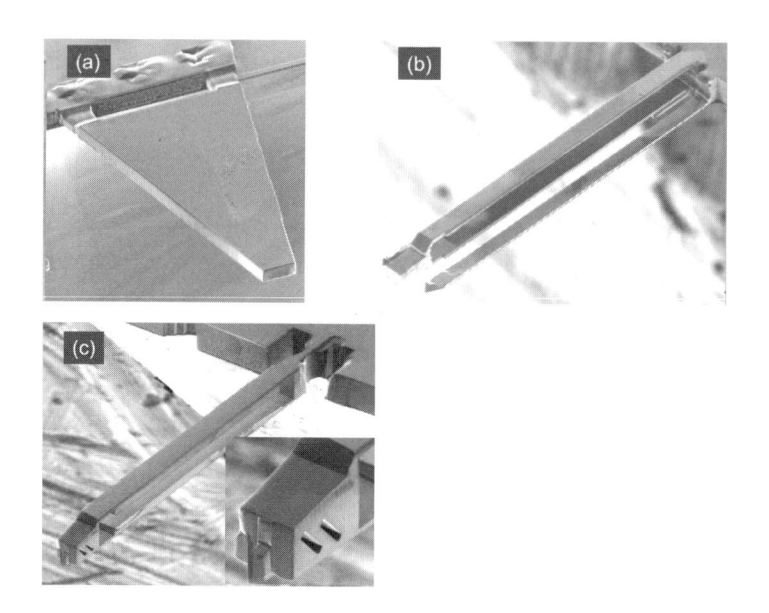

図 6.3 FIB を利用して作製した摩耗試験用のマイクロカンチレバー。(a) シリコンカンチレバーのベース部分に取りつけたシリコンの薄片（横には形状測定用のカンチレバーがある）、(b) 1 本のシリコンの梁から削り出した摩擦用の平行板ばね型カンチレバー（左）と形状測定用カンチレバー（右）、(c) 平面で摩擦しながら摩擦力を測定し（図 6.14 参照）、先端のプローブで形状も測定可能な平行板ばね型カンチレバー。

と、もう一方のカンチレバーも一緒に削ってしまうことになるため加工は行いにくい。図(c)の方式では、摩耗走査と観察走査で、カンチレバーのばね定数が同じになってしまうが、3 つの方式の中では最も加工が行いやすい。筆者が実験に最も多く用いたのは、図(c)の形式である。カンチレバーのばね定数は、数十 N/m と比較的高いが、観察走査のときにタッピングモードを用いれば、試験片へのダメージを抑えることができる。このカンチレバーを用いた測定については、本章の 6.4 節で紹介している。

6.2 AFMを用いた微細加工

(1) ベクタースキャンによる加工

バイトなどの工具を用いた切削加工のサイズを極限まで小さくしていくと、ダイヤモンドなどのプローブを利用した AFM の摩耗試験と区別がなくなる。AFM を用いて摩耗試験を行う 1 つの目的は、マイクロやナノスケールからのアプローチによって、摩耗発生の過程や形態を明らかにすることである。その他にも、AFM を用いた摩耗試験は超微細加工へとつながり、切削や研削加工の素過程を検討するのにも役に立つ。そこで、摩耗のメカニズムについて紹介する前に、少し回り道になるが、AFM を用いた微細加工について簡単に紹介する。

通常の面走査では、プローブで摩擦された部分がほぼ一様に除去されるため、加工された部分の形状を制御することは難しい。しかし、面走査でも走査するラインの間隔を極端に広げれば、直線を等間隔に配置する（ライン＆スペース）加工が可能になる。また、直線の加工を直交する方向にそれぞれ

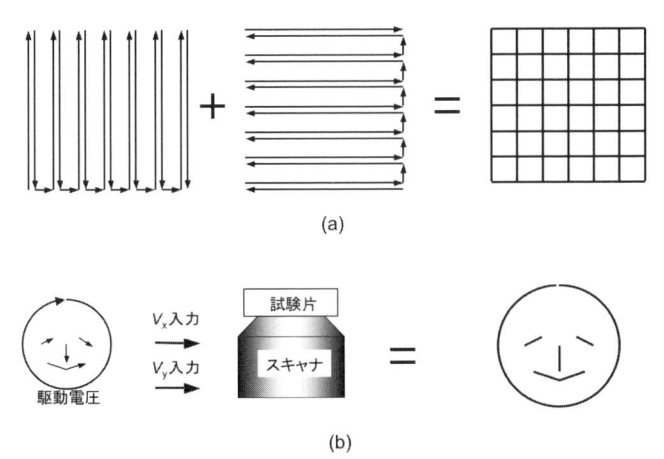

図 6.4 面走査（ラスタースキャン）とベクタースキャン加工の例。(a) x 方向の面スキャンと y 方向の面走査を組み合わせることで格子状のパターンを加工することができる。(b) ベクタースキャンではプローブを x、y 方向に駆動する電圧をそれぞれ独立に制御して任意の図形を描くことができる。

1回ずつ行えば、格子状に溝を加工することもできる〔図6.4(a)〕。ところで、通常の面走査はラスタースキャン（raster scan）とも呼ばれているが、ベクタースキャンと呼ばれる走査モードを利用すれば、任意の形状の溝を加工することができるようになる。ベクタースキャンモードでは、PZTスキャナに加えられるx, y方向の電圧を独立に制御することが可能で、市販のAFMにも用意されている場合がある。このような機能を用いて、プローブを試験片（被加工物）の表面に適当な荷重で押しつけ、スキャナの動きを制御することによって、例えば線図や文字を描くことができる〔図(b)〕。

(2) 面走査よる平滑加工

光てこ式のAFMでコンタクトモードの走査では、フォトダイオードの出力からPZTスキャナのz方向の変位にフィードバックがかけられ、一定の荷重がカンチレバーによって試験片に加えられる。この状態から、荷重を増加させ、面走査によって試験片表面を加工しようとすると、試験片の表面が一様に削れる。そのため、最終的に平滑な面を得たい場合でも、最初に表面に凹凸があればその凹凸を反映した加工面が得られてしまう。フィードバックのゲインを極端に落とし、プローブ先端の高さを一定に保つようにして走査しても、試験片に削れにくい部分があれば、その部分だけ取り残され、やはり平坦な面を得ることは難しい。

AFMによる加工では、カンチレバーが弾性変形するために、プローブの高さを強制的に同じ位置に維持することが難しい。その点が、旋盤やフライス盤などを用いた一般的な切削加工との大きな違いである。しかし、AFMの特徴を活かし、形状を正確に測定した上で、形状に合わせて力を制御すれば、もとの表面形状や硬さの不均一さに作用されることなく、平滑な面を得ることができる。つまり、形状測定のための面走査をあらかじめ行い、そのときに得られた形状データを用いて、山の部分は高荷重で、谷の部分は低荷重で走査するようにすれば、山の部分が選択的に削れ、面走査範囲内で平滑な面を得ることができるようになる。

図6.5に、任意箇所での選択的摩耗を実現するためのブロック図を示す。市販の光てこ式のAFMをベースにして、回路やAFMのプログラムには変

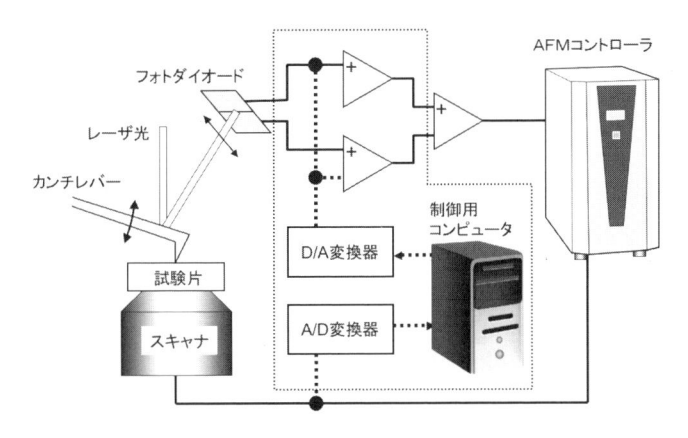

図 6.5　任意の表面形状を AFM で加工するためのブロック図

更を加えずに、外部に加工制御のためのコンピュータや簡単なアナログ回路を追加している。PZT スキャナに印可される電圧は同時に加工制御用コンピュータに取り込まれる。また、加工制御用コンピュータからのアナログ信号は、加減算回路に入力され、そこで 2 つのフォトダイオードからの信号にそれぞれ加算、減算される。

　まず、試験片表面で面走査する範囲を定める。D/A ボードからの出力を 0 にして面走査を行い、このときの PZT スキャナの駆動電圧をコンピュータで記録する。記録された走査信号（水平面内の位置情報）と z 方向の信号（試験片の高さ情報）から、試験片表面の形状データが得られる。この形状データは、AFM に表示される形状イメージと同じである。形状データから最も低い部分を選び出し、基準高さとする。走査範囲内の各座標 (x, y) に関して基準高さからの差を計算し、2 次元の配列データを生成する。

　次に、加工のための面走査を行う。形状を測定した範囲を走査し、走査信号（水平面内の位置情報と試験片の高さ情報）を加工制御用コンピュータに取り込む。走査信号の水平面内の位置情報 (x, y) に対応する基準高さからの差を 2 次元の配列データから読み取り、その値に適当なゲインを与えてアナログ信号として出力する。例えば、プローブが山の部分にさしかかると、カンチレバー変位を一定にするためにフィードバックがかかり、PZT スキャ

ナは縮もうとする。しかし、加工制御用コンピュータからの出力が加減算回路でフォトダイオードの出力に加えられるため、AFM は逆に低い谷の部分にプローブがさしかかったと勘違いしてしまう。そのため、PZT スキャナが伸びて、フォトダイオードの出力を一定にしようとする。これにより、試験片表面の山の部分に加えられる荷重が大きくなり、その部分が選択的に加工されることになる。加減算回路に入力されるアナログ信号のゲインを調整しながら、形状測定の面走査と加工の面走査を繰り返すことで、凹凸のある面が徐々に平滑になる。

このような方法で、スズの表面の平滑化加工を行った様子を図 6.6 に示す。シリコン製のプローブで 11 回の面走査加工を行うことによって、高い部分が選択的に削れ、ほぼ平滑な表面が得られた。加工を行う前の形状と比較すると、低い部分(それぞれの図の右下)の形状はほとんど変化せずに、高い部分だけが摩耗している。また、それぞれの AFM 像で、中央付近の表面粗さを測定したところ、加工前では 2 乗平均平方根粗さ (R_q) が 50 nm であったが、加工後は 10 nm まで減少していた。

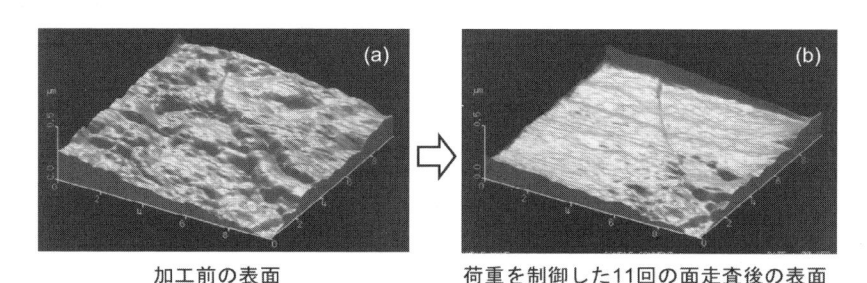

(a) 加工前の表面 (b) 荷重を制御した11回の面走査後の表面

図 6.6　AFM 加工によるスズ表面の平滑化の様子

(3) 面走査による任意形状の加工

前項では、形状測定用の面走査で読み込んだ形状と基準面の差に相当する信号を加工制御用コンピュータから出力していたが、このときの基準面は平面であった。基準面として平面以外の任意形状を用い、測定された形状データとの差を出力すれば、試験片表面上に任意形状を転写することもできる。

第6章 ミクロな視点から捉えた摩耗現象

加工後の表面のAFM像を見ると、基準の形状データの黒い部分が低く削れ、白い部分が高く残されている。灰色の部分はその中間の高さになっている

基準の形状データ

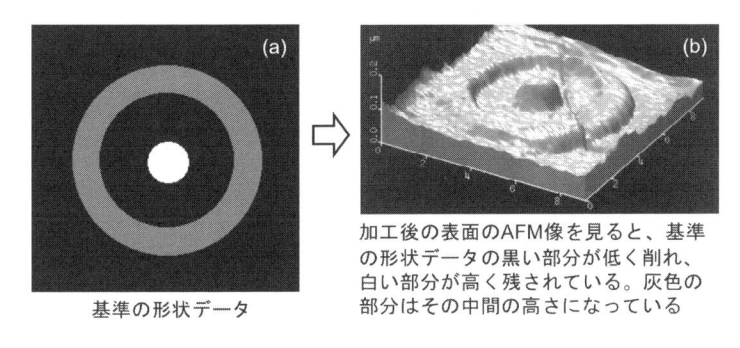

図6.7 平滑化加工（図6.6）の後に行った面走査による任意形状の加工

図6.7に示すように、あらかじめ2次元の配列データと同じサイズの画像ファイルを作成する。それを加工制御用コンピュータで読み込み基準面とする。グレースケールで描いた画像ファイルの各ポイントの階調を高さに置き換えて、明るいところは高く、暗いところは低い点と見なす。中央の白い円の高さは、それを外輪山のように取り巻く円周の高さの2倍になるようにしてある（もし、グレースケールで描いた画像の色が全面で単一階調であれば、基準面は平面となり、図6.6の平滑化加工を行うことになる）。次に、試験片表面の形状を測定し、その形状と基準面との差を加工制御用コンピュータで計算して、加減算回路へのアナログ信号を調整しながら、加工のための面走査を行うと、基準面の形状が試験片表面に転写される。

図6.7のAFM像は、加工のための面走査と形状測定を交互に繰り返してスズを加工した結果得られた表面形状である。基準の形状データと同様に、中央の高さが外輪山のほぼ2倍になっている。なお、このような加工を行うとき、摩擦力によるカンチレバーのねじれ、荷重によるカンチレバーのたわみによって、加工中のプローブ先端が形状測定中のプローブ先端位置からずれてしまう。そこで実際には、加工中に、基準面のデータと形状データの差を計算するときにその補正を行っている。

6.3 ミクロな領域の摩耗形態

(1) 平面で摩擦して突起を摩耗させる

　摩耗でも切削加工でも、材料の表面が変形し除去される。目的によってそれらの違いを区別する場合、積極的に摩擦による変形や除去を行っている場合が切削加工で、その現象が好ましくないときには摩耗と呼ばれる。接触部の形状に着目すると、面と面が接触しているときに、一方あるいは両方の面が削れていく場合は摩耗と呼ばれる。切削加工の場合は、旋盤のバイトなど硬い工具が押し込まれた部分が局所的に除去される。しかし、面と面で接触している場合でも、砥石や紙ヤスリの表面には小さな切れ歯がランダムに並んでおり、よく見るとこれらの切れ歯がそれぞれ切削加工を行っている〔図6.8(a)〕。そのように見ていくと、目的による区別以外に、摩耗と切削には本質的な差がないようにも思える。しかし、表面に硬い突起がなくても摩耗は

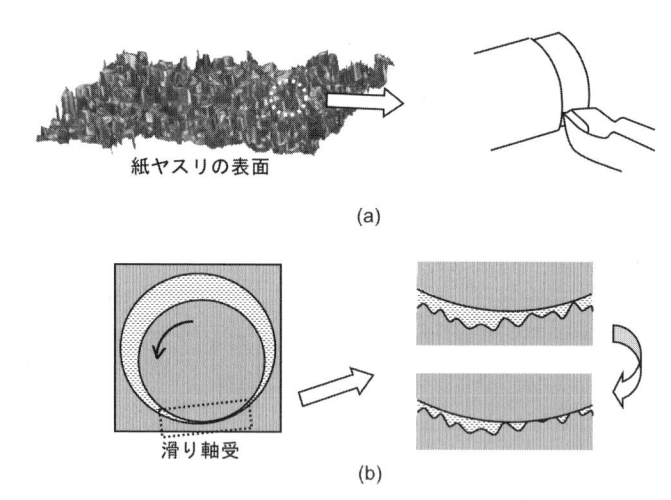

図6.8　面と面が接触していても、材料の硬さや粗さによって摩耗の形態は異なる。(a) 紙ヤスリの表面には鋭い突起があり、金属と摩擦されるとき各突起の先端は切削工具の刃と同じように金属を削る（アブレッシブ摩耗）、(b) 滑り軸受では、軸受の金属は柔らかいが、軸は硬く滑らかに仕上げられている。このような場合、柔らかい金属表面の突起先端から摩耗していく。

第6章 ミクロな視点から捉えた摩耗現象

生じ(凝着摩耗)、これは明らかに切削とは異なる現象として区別されている。

これまでに取り上げてきたAFMを用いた摩耗評価や加工では、突起が柔らかい材料を削ることによって摩耗が引き起こされていたり、塑性変形が進展したりしていた。しかし、一般的な潤滑部品の表面で起きている摩耗について考えて見ると、突起が柔らかい金属を削るようなアブレッシブ摩耗は異常摩耗に分類され、実用的な機械の摩擦面ではあまり見られない。滑り軸受で支えられる軸の表面は硬く滑らかに仕上げられているが、軸受側の柔らかい金属に表面粗さがあれば、その粗さの突起の先端に摩耗が発生する〔図6.8(b)〕。また、潤滑状態が悪ければ、硬い軸の表面にも摩耗が生じる。このように、平滑面で摩擦したときに生じる摩耗は、凝着摩耗に分類される。

硬い金属で摩擦したときに柔らかい金属の突起で生じる摩耗形態を調べるために行ったAFMによるマイクロ摩耗試験を紹介する(図6.9)。図(b)に示す表面粗さの突起のモデルは、FIBを用いて金の基板上に作製した。一方、金突起と摩擦させる相手面には、AFMのカンチレバーを用意した。図(c)に示す摩耗走査用のマイクロカンチレバーは、図6.3(b)、(c)を作製したときに

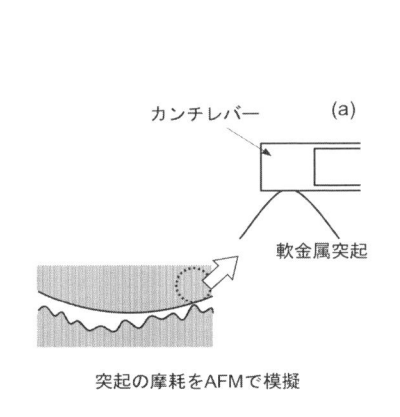

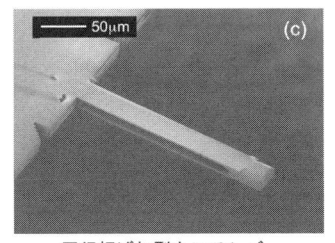

図6.9 マイクロカンチレバー上の平坦面による突起の摩耗試験の目的と、実験に使用したカンチレバーと金突起のSEM像。

用いたのと同じ単結晶シリコンの梁をベースとして、FIB加工によって削り出したものである。平行板ばね型カンチレバーの先端にはブロックが形成されており、ブロックは平行な2枚の板ばねによって支えられている。ブロック上の金突起と摩擦される部分は平面になっている。

摩擦試験を行うときはまず、適当な荷重で、摩耗走査用カンチレバーの先端のブロックを金突起に押しつける。この状態から面走査を行うことでブロックの平坦面で突起を摩擦して摩耗を引き起こすようにする。突起の形状を調べるときは、(この時点では、図6.3のマイクロカンチレバーはまだ試作していなかったので、) 摩耗走査用カンチレバーを形状測定用のカンチレバーと交換し、コンタクトモードで金突起先端部の形状を測定する。形状測定後、再び摩耗走査用カンチレバーを取りつけ、摩耗させるための面走査を行う。

金突起先端部が、平行板ばねの摩擦により変化していく様子を図 6.10 に示す。図(a)は、摩擦を行う前の状態である。図(b)では、突起先端部が変形し平坦になっている。図(c)では、平坦部がさらに広がっていく様子が見られる。単板ばね型カンチレバーを用いて摩擦したときも同様に、金突起先端に平坦部が形成された。この金突起先端の平坦部の表面粗さは、平行板ばね型、

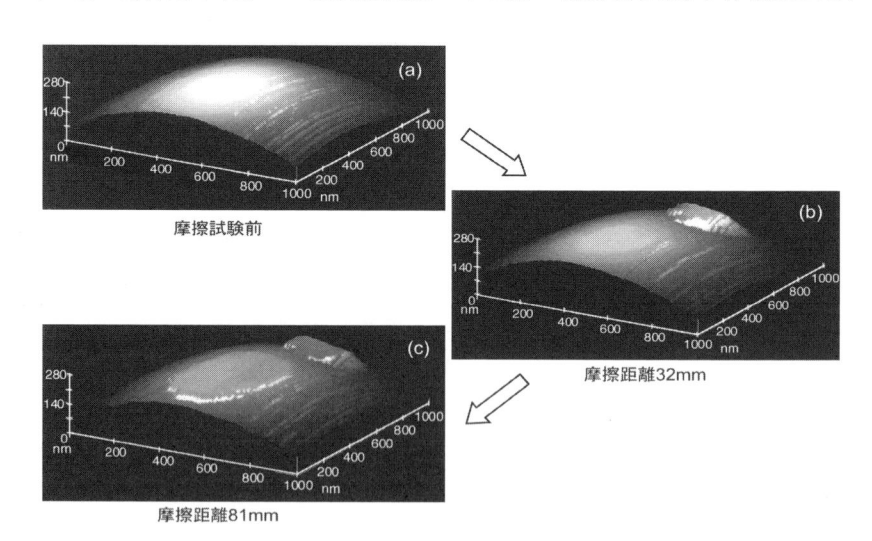

図 6.10 摩耗試験中のピラミッド型金突起先端の形状の変化（形状測定用のマイクロカンチレバーに交換してコンタクトモードで計測した AFM 像）[4]。

第6章 ミクロな視点から捉えた摩耗現象

単板ばね型カンチレバーを用いて摩擦したとき、いずれも 0.5 nm（R_q）程度で、かなり滑らかになっていた。

(2) 形状から摩耗量を計算する

ピンオンディスク式の摩耗試験では、ピンやディスクの重量変化から摩耗量を求めることがよく行われる。しかし、AFM による摩耗試験の場合は摩耗の絶対量が小さく、重量変化から摩耗量を求めるのは、ほとんど不可能である。例えば、直径 10 mm、厚さ 2 mm の金の基板試験片が、体積にして 1 µm³ 摩耗したとすると、重量の差は約 20 pg で、相対的な重量減は 10^{-11} 以下にしかならない。市販されている超精密電子天秤の分解能が、0.1 µg 程度であるので、測定したい重量差との間には 1000 倍以上の開きがある。そこで、マイクロトライボロジーの実験で、摩耗量あるいは塑性変形量を求める場合には、AFM で計測した形状の差から計算する必要がある。

そこで、図 6.10 に示すような AFM による金突起の形状データから、塑性変形の進行の様子を定量的に求めた。測定したデータをパーソナルコンピュータに読み込み、摩擦を行う前の形状〔図(a)〕を基準面として、突起先端部周囲の接触していない円周部分が一致するように、変形した突起の形状データを重ね合わせる。そのときの基準面からの高さの差を計算することで、図 6.11 のように形状変化を画像化することができる。3 mm の摩擦距離では、主に窪みだけが認められるが、32 mm 以上の摩擦距離では、窪みの周囲に隆起した部分が見られる。

図 6.11 に示したようなイメージから求めた窪んだ部分の体積変化（摩耗量：V_W）、隆起した部分の体積変化（V_R）、体積変化の総和（$V_W + V_R$）、全体の体積の増減（$V_W - V_R$）、を摩擦距離の関数として表すと図 6.12 のようになる。摩擦距離 32 mm までは、V_W の増加が目立つ。81 mm からは、V_R の増加も大きくなり、全体としての体積変化（$V_W - V_R$）は生じていない。V_W、V_R、体積変化の総和（$V_W + V_R$）は、それぞれ摩擦距離の増加に伴い単調に増加している。摩擦面の外に摩耗粉が排出された状態を摩耗と定義するなら、金突起はほとんど摩耗せずに、塑性変形だけをしていたことになる。

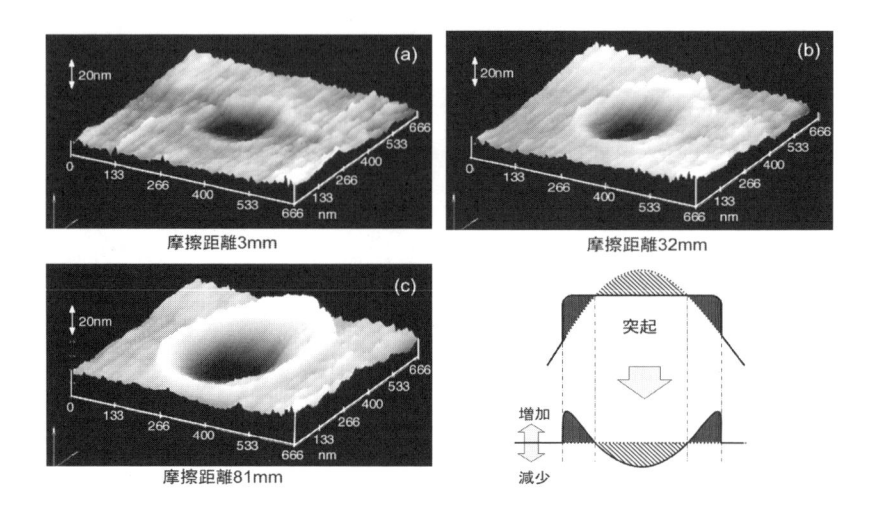

図 6.11　形状の比較から画像化した体積変化（基準面より低い部分では体積が減少し、高い部分では体積が増加していることを表す）[4]

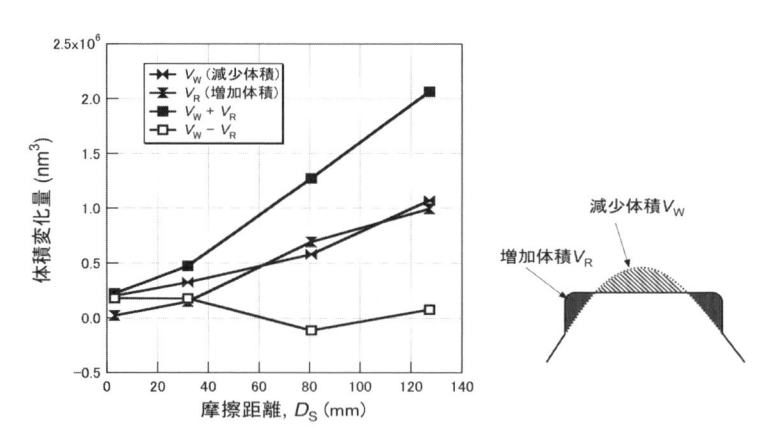

図 6.12　体積変化の様子を調べると、頂点で体積が減少した分だけ、周囲が盛り上がり、全体で見ると体積変化は、ほとんど生じていなかった[4]。

(3) 表面粗さの突起が摩耗を引き起こす

第4章で紹介した実験では、シリコンウェーハと摩擦した銅ピンの先端は、変形し、平らになっていた（図 4.9）。このように、表面粗さが極めて小さな面で摩擦しても、摩耗（正確にいえば摩耗を含んだ塑性変形）は生じる。金突起と摩擦した摩耗走査用カンチレバー（図 6.9）上の摩擦面も、シリコンウェーハと同様に極めて平滑だと予想していたが、実際に AFM で観察してみたところ、平行板ばねの摩擦面は、高さ 5nm 程度の突起に覆われていた（図 3.16 参照）。おそらく FIB で加工する過程で、このような突起が形成されたと思われる。

マイクロメートルのスケールで見れば、この摩耗試験は、金突起を平面で摩擦していたことになる。しかし、金突起は摩擦を始めるとすぐに平坦面が形成され、平面と思っていた摩耗走査用カンチレバーの摩擦面にはナノメートルスケールの突起があった。したがって、ナノメートルのスケールで見た場合には、結果的に平坦面を複数の微小突起で摩擦していたことになり、当初に予定していた平滑面による柔らかい金属の摩耗の実験ではなかったことになる。しかし、摩耗の状態を考える上では、都合のよいことがあり、以下に述べるアブレッシブ摩耗のモデルをそのまま適用することが可能になる。

アブレッシブ摩耗のモデルでは、硬い突起が押し込まれて柔らかい金属に塑性変形が生じている状態を「食い込み度」で定義する。曲率半径 R_S の硬い突起が、硬さ H の金属に、L_N の荷重で押しつけられているときの食い込み度 D_P は、次式で与えられる[6]。

$$D_P = R_S \left(\frac{\pi H}{2L_N} \right)^{\frac{1}{2}} - \left(\frac{R_S^2 \pi H}{2L_N} - 1 \right)^{\frac{1}{2}} \tag{6.1}$$

球面状突起のアブレッシブ摩耗を記述するために、もう1つの無次元パラメータがあり、それは無次元せん断強度と呼ばれている。無次元せん断強度は摩擦係数の関数になっており、摩擦係数が大きくなると無次元せん断強度も高くなる。その2つの無次元パラメータを用いて、摩耗の様子を分類したものがアブレッシブ摩耗の摩耗形態図（図 6.13）である。

図 6.13 では、摩耗粉の排出の様子や摩耗粉の形から、アブレッシブ摩耗

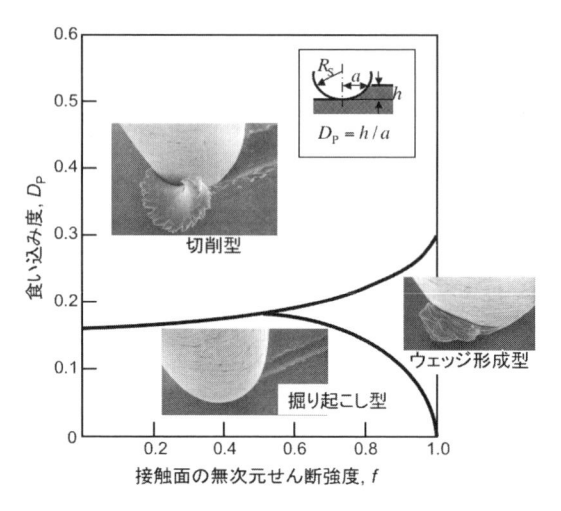

図 6.13　アブレッシブ摩耗の摩耗形態図 [7], [8]

の形態が,「切削型」,「ウェッジ形成型」,「掘り起こし型」の 3 つの型に分類されている。食い込み度が高いときには,切削型の摩耗になりやすく,旋盤での切削における連続型の切りくずのような摩耗粉が生成される。食い込み度が低いと,硬い突起で柔らかい金属に溝をつけるだけになり,摩耗粉は排出されない（掘り起こし型）。ただし,溝の縁には盛り上がった部分ができる。ウェッジ形成型の摩耗は,中程度の食い込み度で無次元せん断強度が高いときに発生しやすく,構成刃先のような摩耗粉が硬い突起の前方に形成される。

　アブレッシブ摩耗の摩耗形態図をもとに,摩耗走査用カンチレバーによる金突起の摩擦で,どのような摩耗が生じていたかを検討してみる。そこで,(6.1) 式から食い込み度 D_p を計算する。まず,摩耗走査用カンチレバー摩擦面の AFM による測定データ（図 3.16）から,微小突起先端の平均曲率半径を求めると $R_s = 390\,\mathrm{nm}$ になる。この半径を用いて,凝縮水のラプラス圧力によって発生する凝着力を推定すると,微小突起 1 つあたり 230 nN となる。570 nN の荷重で 81 mm 摩擦した後〔図 6.10(c)〕の引離し力を測定したところ,1000 nN であったので,およそ 4 点で接触していたと推定できる。

$R_\mathrm{s} = 390\,\mathrm{nm}$ の微小突起 1 つあたりの押しつけ荷重は、凝着力を考慮した荷重 1600 nN を 4 で除して、$L_\mathrm{N} =$ 約 400 nN となる。したがって、(6.1) 式より D_P は 0.04 となる。

食い込み度 D_P が 0.1 より小さい場合、図 6.13 より掘り起こし型かウェッジ形成型のいずれかの摩耗が発生することが読みとれる。この実験では摩擦係数を測定していないため、接触面の無次元せん断強度 f を求めることができないが、D_P が 0.04 と極めて小さいことから、掘り起こし型の摩耗形態であった可能性が高い。したがって、摩耗走査用カンチレバーで金突起を摩擦したとき、複数のシリコン微小突起がそれぞれ金を掘り起こし、その微小突起による摩耗（塑性変形）が集積され、全体として金突起を変形させていると推察される。このとき、それぞれの微小突起による摩擦は、掘り起こし型の摩耗であるため、摩耗粉が生成されず、体積変化はほとんどない。その結果、図 6.12 に示すように、総体積はほとんど変化しなかったと推察される。

6.4 摩耗と摩擦力の複雑な関係

(1) 周期的突起配列による摩耗試験

シリコン平面で金突起を摩擦したとき、実際にはシリコンの微小突起が金に接触していて、それが摩耗に影響を与えていた。アブレッシブ摩耗の摩耗形態図は、シリコンの微小突起よりも 2 桁程度大きな数十マイクロメートルの先端曲率半径を有する硬い突起を用いた実験から導かれているが、それをもとに掘り起こし型の摩耗形態を推定したところ、実験結果に一致した。では、微小突起先端の曲率半径をさらに小さくするかあるいは荷重を高くして、食い込み度を大きくすれば、微小突起による摩耗でも、「掘り起こし型」から「切削型」へと摩耗の形態は変化するのだろうか。

ここで紹介する実験では、図 6.3(c) の特殊形状のカンチレバーを用いている。6.3 節の実験で用いたマイクロカンチレバー（図 6.9）との大きな違いの一点目は、カンチレバーを交換しなくても突起形状を測定できることである。二点目は、板ばねのつけ根部分にヒンジを設けて、摩擦方向に変位しやすくして、摩擦力も測定できるようにしている点である（図 6.14）。

摩擦に関する本質的な違いは三点目にあり、金属突起と摩擦するカンチレバー上の摩擦面に、FIB加工によって凹凸を設けている。周期的突起配列を形成したことで、同じ先端曲率半径を有する微小突起による摩耗を正確に調べることができるようになる。カンチレバーの摩擦面に作製した突起配列は3種類で、それぞれの突起先端曲率半径は小さい方から、$R_s = 93\,\text{nm}$、$350\,\text{nm}$、

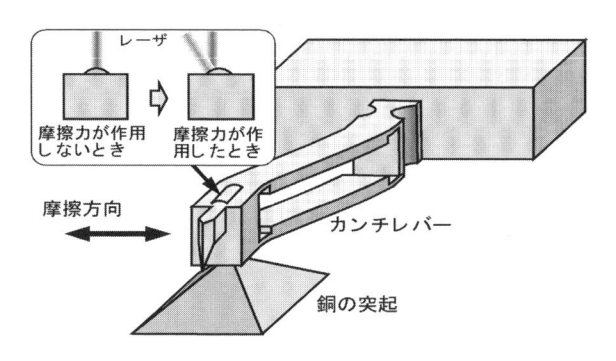

図6.14 摩擦力と形状変化を測定できる特殊形状のマイクロカンチレバー

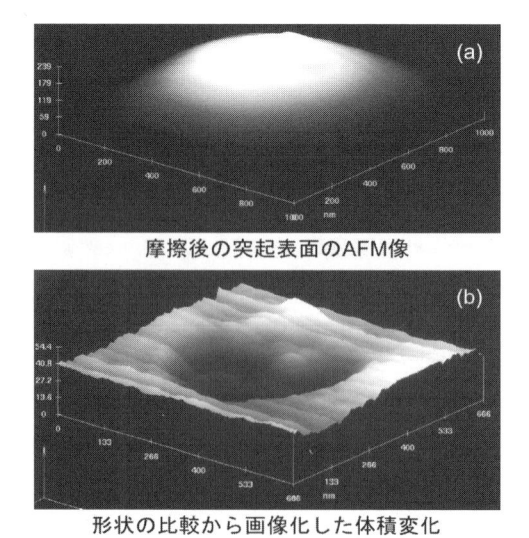

図6.15 銅突起の摩耗の様子（荷重880 nN、摩擦距離45 mm）[5]

1180 nm であった。また、突起配列を作製しない部分も残して、突起による摩擦との比較も行った。

図 6.15 は、単結晶の銅の突起先端を摩擦したときの摩耗の様子を示している。図 6.14 のカンチレバーに形成した周期的突起で摩擦を行っている。平行板ばね型の摩擦面に突起を形成していないカンチレバーで金を摩擦したとき（図 6.10、6.11）と比較すると、摩耗した部分の周囲に、盛り上がった部分が見られない。これは、材料の違いの影響に加えて、周期的突起を形成したことで摩耗の形態が変化しているためである。

(2) 摩擦係数から摩耗形態を推定する

掘り起こし型から切削型へと摩耗形態が変化すると、摩擦係数は低下する。これは、数十マイクロメートルの先端曲率半径を有する硬突起による摩擦実験により確かめられているが、先端曲率半径が数十ナノメートルの微小突起でも同様な傾向が得られる。ただし、微小荷重下の測定になるので、摩擦係数を求めるときには、（外力として加えられている）荷重の代わりに実効荷重（＝垂直荷重＋引離し力：第 2 章参照）を用いる必要がある。図 6.16 は、摩耗試験中に測定された摩擦力と実効荷重（垂直荷重＋引離し力）の関係であるが、突起配列を設けていない面で摩擦したときの摩擦力は、実効荷重にほ

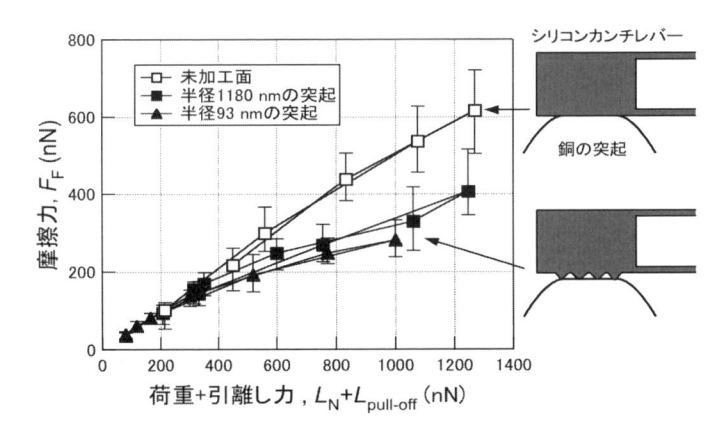

図 6.16　突起をもつ面で摩擦したときの摩擦係数は低い（実効荷重に対する摩擦力の傾きが小さくなる）[5]。

ぼ比例している。突起配列で摩擦したときには、荷重が増加するにしたがって、直線からのずれが大きくなる。

摩擦力が実効荷重に比例していれば、実効荷重に対する摩擦係数は一定ということになる。突起を加工していない面では、摩耗の形態は荷重の影響を受けていないため、荷重を増加させても摩擦係数は一定になっている（摩擦力が実効荷重に比例している）。それに対して、周期的突起配列では、荷重が増加するのに伴い、徐々に切削型への摩耗に変化していく。そのため、実効荷重の増加とともに摩擦力の増加の割合が鈍くなっている。すなわち、摩擦係数は実効荷重の増加とともに低下している。特に、曲率半径の小さな突起（R_s = 93nm）では、直線からのずれが大きく、摩擦係数の低下がより顕著である。つまり、切削型への摩耗の移行がより明瞭に現れている。

摩耗試験を行ったときに記録された摩擦係数（表6.1）を見てみると、R_s = 1180nm の突起による摩擦では、荷重が 150nN から 900nN に増加したときに、摩擦係数は 0.4 付近でほとんど変化していない。それに対して、R_s = 93nm の突起の摩擦では、荷重が増加したときに、摩擦係数が 0.5 から 0.2 へ明確に低下している。それぞれの摩擦条件における食い込み度を計算すると、荷重が 150nN から 900nN に増加したときに、R_s = 1180nm の突起では常に0.1以下であるが、R_s = 93nm の突起では0.08から0.2へと増加する。アブレッシブ摩耗の摩耗形態図（図6.13）によると、食い込み度が 0.2 以上になると、切削型の摩耗形態が現れるようになるので、R_s = 93nm の突起配列では、荷重の増加により摩耗形態が変化していたことが確認できる。それに対して、R_s = 1180nm の突起では、完全には切削型の摩耗に移行しなかったことがわかる。

表 6.1 摩擦係数の変化と食い込み度

突起曲率半径 R_S	荷重 L_N	摩擦係数 μ	食い込み度 D_p
1180 nm	150 nN	0.3〜0.4	0.01
	900 nN	0.4	0.02
93 nm	150 nN	0.5〜0.6	0.08
	900 nN	0.2〜0.3	0.2

(3) マイクロアブレッシブ摩耗の摩耗係数

図 6.17 には、先端曲率半径が 1180 nm と 93 nm の 2 種類の突起配列を加工した面、および突起配列を設けていない面で摩擦したときの比摩耗量を示している。それぞれの比摩耗量は、AFM で測定した体積の差（摩耗量）を、実効荷重と摩擦距離で除して求めた。摩擦時の荷重が、150 nN から 900 nN に増加したとき、突起配列のない面と R_S = 1180 nm の突起配列で摩擦した面は、いずれも比摩耗量の増加は見られない。それに対して、R_S = 93 nm の突起配列で摩擦したときは、比摩耗量が 3 倍近くまでに増加している。

食い込み度の計算結果、および摩擦係数の変化（表 6.1）によって、R_S = 93 nm の突起で摩擦したときには、900 nN の垂直荷重で切削型の摩耗になっていることが示されている。図 6.17 で、R_S = 93 nm の突起では、比摩耗量が大幅に増加しているので、これからも、やはり 900 nN の荷重で、摩耗形態が切削型に変化していることが確認できる。つまり、高さが数十ナノメートル程度の微小突起による摩耗でも、食い込み度が高くなると切削型のアブレッシブ摩耗が現れるのである。

摩耗係数は、比摩耗量を材料の硬さで除して求めた無次元数である。摩耗係数が大きいほど、摩擦条件が厳しいことを表す。トライボロジーハンドブック[7]では、摩耗形態が摩耗係数によって分類されている。それによると摩耗係数がおよそ $10^{-8} \sim 10^{-6}$ のときが境界潤滑下での摩耗、$10^{-6} \sim 10^{-2}$ のとき

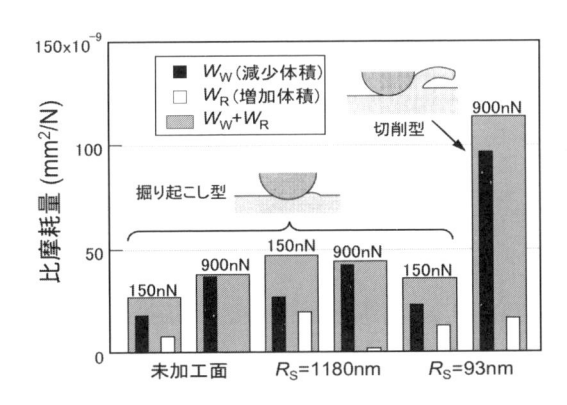

図 6.17 曲率半径が小さな鋭い突起では、荷重が増加したときに切削型の摩耗になるため、比摩耗量が増大する[5]。

が凝着摩耗（10^{-6}〜10^{-4}のときが無潤滑下のマイルド摩耗、10^{-4}〜10^{-2}のときが無潤滑下のシビヤ摩耗）、およそ10^{-3}以上のときがアブレッシブ摩耗であるとされている。

そこで、図6.17に示した比摩耗量から摩耗係数を計算すると、10^{-5}のオーダーとなる。この値は、トライボロジーハンドブックの分類では、無潤滑下の凝着摩耗に対応する。しかし、実際には、$R_s = 93\,\mathrm{nm}$の突起配列では、切削型の摩耗形態が現れていた。このことから、微小突起によるアブレッシブ摩耗の摩耗係数は、大きなサイズの機構における摩耗係数の分類とは異なっていることがわかった。別の見方をすると、実際に起きている摩耗の形態を、摩耗係数だけから判断するのには限界があることになる。

アブレッシブ摩耗の極端な例は、ヤスリで金属を削るときに見られる。一方、平滑な面で柔らかい金属を摩擦したときに摩耗が生じれば、このときの摩耗は凝着摩耗であると理解されるのが一般的である。滑り軸受などよくなじんだ摺動面は非常に滑らかで、アブレッシブ摩耗を引き起こすような突起はないように思われる。しかし、極めて平滑に見えるブロックゲージの表面でも、AFMで観察すればナノメートルスケールの表面粗さが存在する（図6.18）。摩耗係数だけで判断すると凝着摩耗や境界潤滑下の摩耗に分類されるときでも、微視的に見たときには、表面粗さの突起が摩耗を引き起こしている可能性をここで指摘しておきたい。

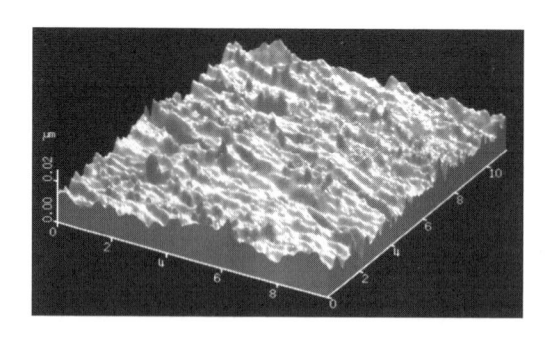

図6.18　滑らかに見えるブロックゲージの表面もAFMで観察するとかなりの凸凹がある。

(4) 凝着摩耗とアブレッシブ摩耗は背反する概念か

　アブレッシブ摩耗は、食い込み度によって整理され、それから、切削型と掘り起こし型のどちらの摩耗形態になるかをおおむね予測することができる。しかし、食い込み度が低いときに、掘り起こし型かウェッジ形成型かを決める無次元せん断強さは、硬さや形状からだけでは求めることはできない。アブレッシブ摩耗は、摩耗の形態を整理しているのであって、摩耗がなぜ起きるかを説明しているわけではない。もし、アブレッシブ摩耗を基軸にして摩耗の起源を探ろうとするなら、凝着摩耗と同様に、接触面における金属原子間の相互作用をもち込む必要がある。

　一方、凝着摩耗では、摩擦面での相手側金属との相互作用に着目して摩耗の形態を記述しようとしている。理論としての凝着摩耗の強みは、真空を含めた雰囲気の影響、特に酸素と表面の反応によって摩耗が変化することを、原子間の相互作用の差によって説明できる点である。摩擦によって新生面が生成されたときに、その新生面同士が化学結合をすれば、摩擦力や摩耗は大きくなる。しかし、新生面が酸化膜で覆われれば、相互作用が小さくなるため、摩擦や摩耗が小さくなると説明される。実際に測定される摩擦力や摩耗量の変化を、雰囲気の影響によってうまく説明できることも、凝着摩耗の正当性を裏づけているように思われる。

　アブレッシブ摩耗と凝着摩耗を並べたとき、それぞれが異なるメカニズムや現象を拠所にしているため、それぞれはお互いを否定しあっているようにも見える。しかし、実際のところは、相補関係にある。アブレッシブ摩耗で、掘り起こし型からウェッジ形成型になぜ移行するかを説明する鍵が凝着摩耗にあって、反対に凝着摩耗で説明し切れなかったことを、アブレッシブ摩耗の考え方で説明できるかもしれない。したがって、表面の形状に着目したアブレッシブ摩耗と原子間の相互作用力に着目した凝着摩耗の両面からのアプローチが、摩耗の起源を検討する上で必要である。

6.5 原子間相互作用で考える摩耗

(1) 斥力が支配する摩擦と摩耗

　掘り起こし抵抗などが存在しないときに、固体間で摩擦力がなぜ生じるかについて、ジャンクション成長のモデルで説明されることが多い。このような凝着摩擦のモデルでは、摩擦力は化学結合により形成されたジャンクションを引きちぎる力に起因すると説明されている。ジャンクションが引きちぎられるときに、界面以外の場所で破断すると、一方の金属が相手金属の表面に移着する（図 6.19）。それがきっかけとなって、凝着摩耗が生じるとされているので、凝着摩耗を引き起こす力は化学結合部の引力ということになる。酸化膜の形成されにくい真空中で摩擦したときに、摩耗が激しくなることから、金属同士の化学結合が摩耗に影響している可能性は高いと考えられている。

　ここで、摩擦力がなぜ働くかについてもう一度考えてみたい。4.1 節では、動摩擦力がエネルギーの散逸によって生じるという考えを紹介した。このと

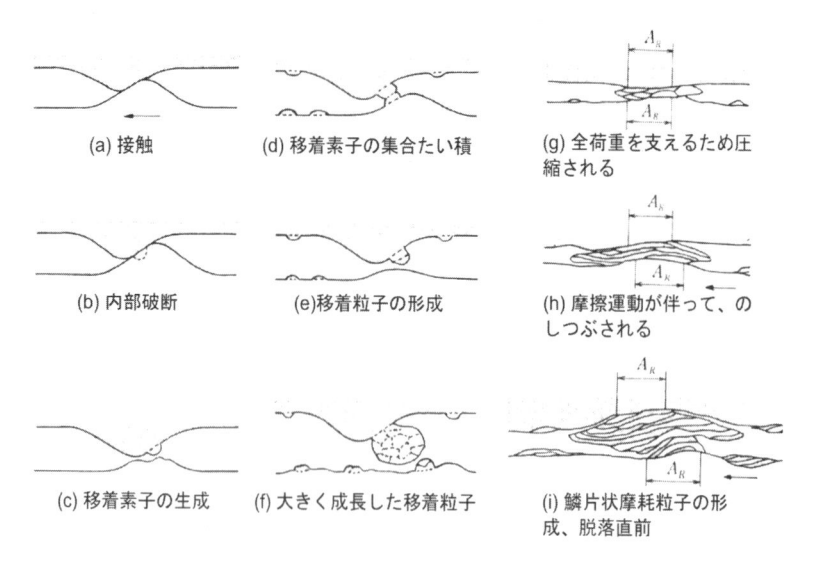

(a) 接触
(b) 内部破断
(c) 移着素子の生成
(d) 移着素子の集合たい積
(e) 移着粒子の形成
(f) 大きく成長した移着粒子
(g) 全荷重を支えるため圧縮される
(h) 摩擦運動が伴って、のしつぶされる
(i) 鱗片状摩耗粒子の形成、脱落直前

図 6.19　凝着摩耗の機構 [10]

き、摩擦中に原子を中立位置から変位させる（静止摩擦力に相当する）力は、原子間の引力だったのだろうか、斥力だったのであろうか。つまり、原子は相手側の面にある原子の引力によって引っかかりながら動いているのか、斥力につっかかりながら動いているのかによって、凝着摩耗の前提条件が大きく影響を受ける。

　グラファイトを AFM で摩擦したときに観察される原子スケールのスティックスリップ（図 5.15）で、プローブ先端の軌跡を追いかけて見ると、荷重が増加するにつれて、スティックされる範囲がそれぞれ一点に収束していき、収束した点は正三角形の頂点の位置に並んだ。三角形の頂点の並びに、グラファイトの結晶を重ねてみると、グラファイトの六角形の格子の中間点（ホローサイト）に三角形の頂点がちょうど一致する。このことは、AFM のプローブが常に、ホローサイトに落ち込みながら移動していることを示している。固体間の摩擦が真実接触面で生じていることと、真実接触面が荷重を支えていることを考え合わせると、プローブの先端がホローサイトにスティックされたように、「真実接触面の原子は常に斥力を受けて運動している」という結論が必然的に導き出される。凝着力（原子間の引力）で荷重を支えるモデルを無理に考えても、矛盾に満ちている（図 6.20）。

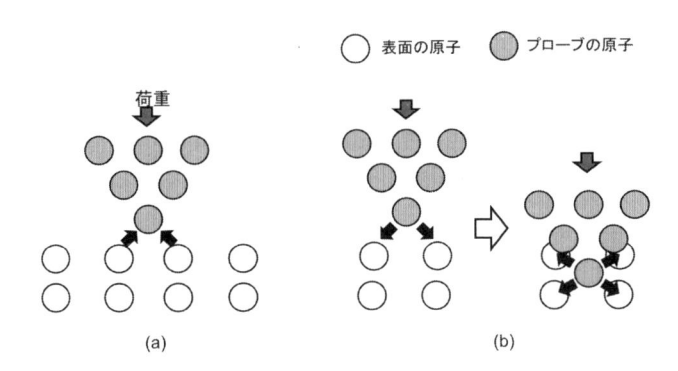

図 6.20　原子間に作用する凝着力では荷重を支えることができない。(a) プローブ先端が斥力を受けることで、荷重が支えられる、(b) 表面から引力を受けると、力の釣り合いが取れない。

(2) 斥力が凝着摩耗に与える影響

摩擦されているときに原子が受ける力が斥力であれば、摩耗も斥力によって説明しなければならない。ここでは、摩擦力に影響を与えるのは斥力であるという仮説に基づき、斥力が摩耗にどのように影響するかの説明を試みる（図 6.21）。図(a)において、もし接触部で突起 A と突起 B が化学的に結合していたら、結合部以外のところで破断することは十分にあり得るであろう。接触部が完全に結合しているモデルは、いわゆるジャンクション成長の説明にも登場しており、これに異論を唱える人は少ないであろう。では、突起 A と突起 B の接触部で化学的な結合がなく、原子間の斥力により抵抗力を発生しているときに、その抵抗力は突起 B を破断するほど大きな力になり得るのであろうか。

図(a)のように、突起が垂直力によって押しつけられているとき、その圧力は塑性変形を生じさせるほど十分に大きい。そのとき原子間に作用する斥力は、接触部も突起 B の内部も同じである。あるいは、突起内部の方が、荷重をより多くの原子で支えている分、一組の原子間に作用する斥力は小さいであろう。その状態から、上部の突起が横に移動したとき、原子間の滑りが接触部で起きれば摩耗は生じないが、突起内部で起きれば、そこを起点として摩耗が発生する。原子の滑りが完全に同時に発生する場合は、結晶格子の相

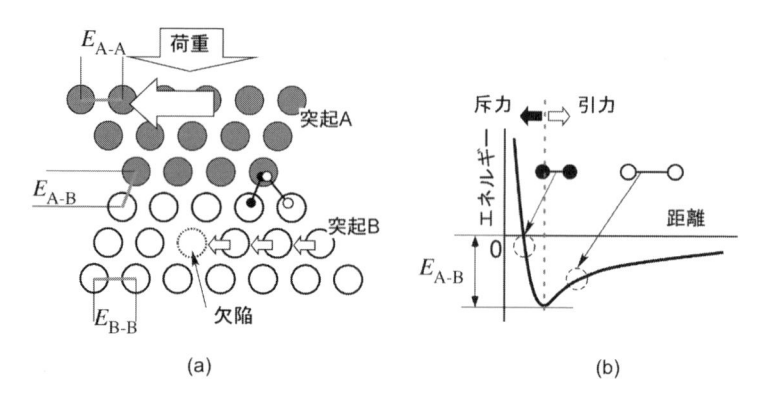

図 6.21 斥力によって摩耗が生じる可能性を検討してみると……[9]。(a) 2 種類の材料の突起同士が接触しているときに作用する原子間の力、(b) 結合エネルギーが大きくなると、原子を乗り越えるときの力も大きくなる。

対位置に不規則性が残る接触部で滑りが発生しやすく、その場合には摩耗は発生しない。しかし、結晶転位や結晶の欠陥などから部分的に滑りが始まるようなモデルを考えると、突起内部の滑りをきっかけに摩耗が生じる可能性も十分にあり得る。

このとき、突起Aと突起Bそれぞれの原子間での結合エネルギーE_{A-B}と、突起A、B内部のそれぞれの結合エネルギーE_{A-A}、E_{B-B}を比較して見ると、もしE_{A-B}が大きければ、接触部での滑りは発生しにくく、摩耗（突起内部でのせん断）が生じるであろう。逆にE_{A-B}が最も小さければ、接触部で滑って摩耗発生の機会は減るだろう。ただし、ここで確認しておきたいのは、結合エネルギーが引力として作用して、原子を移動させるのではない。結合エネルギーは、ポテンシャルの谷の深さに相当する。結合エネルギーが高いと、ポテンシャルの勾配が急峻になり、原子を乗り越えるときに大きな力が必要になるのである〔図(b)〕。

(3) 摩耗を決めるのは引力か斥力か

摩擦力に関する研究に比べて、摩耗に対するマイクロ・ナノスケールからのアプローチは遅れている印象がある。それは、実際の摩耗では、わずかな条件の違いにより、摩耗の形態が大きく異なることにも関係がある。AFMによる実験や計算機によるシミュレーションによって摩擦力を調べようとしたとき、ある条件を変化させてもその結果をすぐ確認することができる。それに対し、摩耗の場合は、わずかな条件の違いが蓄積されて、それが結果に大きく現れるために、何が摩耗に影響を与えているのかを調べることが難しい。この点に関しては、ナノやマイクロトライボロジーによるアプローチもマクロなサイズのトライボロジーも事情は似ている。

ここでは、摩擦力に対して斥力が支配的であることから、摩耗が斥力によって生じる可能性が高いことを示した。しかし、凝着力（原子間の引力）が摩擦や摩耗に対して全く寄与していないかというと、その点に関しては、結論はまだ出ていない。超高真空中で特殊なAFMを使った実験で、金の表面から原子が引き抜かれるように出てくる様子が、透過型電子顕微鏡により観察されている（図 6.22）。このようなことから、摩耗に引力が寄与している

可能性も残されている。

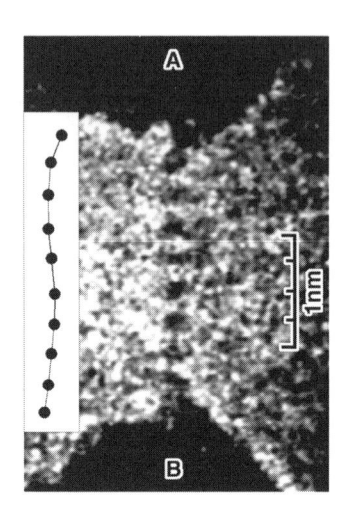

図 6.22 金の表面から原子が引き出される様子（透過型電子顕微鏡による観察）[11]

第7章

微小な摩擦力を測る技術
—高感度な力測定を目指して—

7.1 力の検出方法の比較

(1) 傾斜法の利点と限界

　摩擦力に限らず、力を測定するときには、既知の力を作用させて状態の変化を検出するか、既知のばね定数をもつばねを変形させてその歪みや変位を測定する必要がある。第1章でアリの摩擦係数を測定するのに用いた傾斜法（図 1.1）は前者の方法に相当し、物体を平面の上に置き、平面を傾けていって滑り出すときの角度から物体と平面の間の摩擦係数を求めることができる。物体の重さがわかっていれば、重力によって加えられる力がわかるので、摩擦力も知ることができる。これは、摩擦を測定するのに便利な方法である

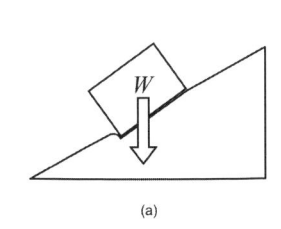

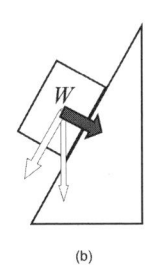

図 7.1 傾斜法での摩擦係数の測定は実は難しい。(a) 角に重力が集中するため、斜面が柔らかいと食い込みやすくなる、(b) 斜度とともに垂直効力が変化し、斜度がきつくなるほど、垂直抗力は小さくなる。

が、その反面いくつか問題点もある（図 7.1）。実際に試して見ると、安定した測定結果を得ることが難しいことに気がつく。滑り出すかどうかぎりぎりのところでは、わずかな振動で滑り出してしまうので、測定結果が変動しやすい。また、置いてから滑り出すまでの静止時間によって摩擦力が変化することがある。さらに、斜度を大きくするにつれて重心の位置が変化して、エッジの影響が現れることがあり、斜面が柔らかいと、図(a)のようにエッジが食い込んでしまって、本来の最大静止摩擦を超えても滑り出さないこともある。このようなことがあるために、傾斜法で静止摩擦係数を正確に調べることは容易ではない。

　傾斜法で、小さな摩擦力を測ろうとするとさらに難しくなる。第1章でアリの摩擦を調べたときに見たように、斜面の角度が垂直に近づくと、垂直荷重（抗力）が極端に小さくなってしまう〔図(b)〕。そのため、任意の垂直荷重を与えることができず、摩擦係数に対する荷重の影響を調べることは極めて難しくなる。したがって、微小な垂直荷重が作用しているときの摩擦力を調べようとしたとき、傾斜法はあまりよい選択肢ではない。

(2) 弾性変形を利用した動摩擦力測定のすすめ

　摩擦力をばねなどの弾性変形から求める方法は、装置が複雑になってしまうが、実験条件の設定や変更の自由度が高く、傾斜法に比較すると計測はずっと行いやすくなる。また、滑らせながらの摩擦力（動摩擦力）を測定することも比較的容易である。例えば、垂直荷重を常に一定にして、摩擦面の潤滑状態の違いが摩擦力に与える影響を調べたり、同じ接触面の組合せで、垂直荷重を変化させて摩擦力の変化を測定したりすることが可能になる。これらは、摩擦特性をいろいろと調べる上で、とても好都合である。動摩擦力は、静止摩擦力と比較すると安定しており、異なる装置で測定しても再現性が得られやすい傾向がある。そのため工学的にも重要度が高い。さらに、摩擦速度の影響を調べることで、潤滑状態がわかることもあるので、動摩擦力を測定するメリットは多い。

　弾性変形を利用して力を測定する方法の1つに、ロードセルの利用がある。ロードセルでは、力を受ける部材の弾性変形を歪みゲージの抵抗変化によっ

て検出している。歪み抵抗の変化はストレインアンプを用いて測定する。ロードセルの利点は、安定性や信頼性が高いこと、価格も比較的安価であることである。しかし、筆者が調べたところ、市販されているロードセルの定格荷重は 2 gf（約 20 mN）が最小で、1/10000 の力を測定できたとしても、1 μN 以下の力を測定するのはやや苦しい。また、摩擦試験装置に組み込むことを考えたときには、サイズが大きいため装置設計の自由度が制限されてしまう。力と出力の関係があらかじめ校正されていることは大きな魅力ではあるが、マイクロトライボロジーの測定では、ロードセル以外の力検出方法を利用する方が一般的である。

(3) 微小力の検出に適した力検出法

小さな力を測定するために、板ばねが利用されることが実際には多い。試験片の大きさや測定する荷重に合わせて、サイズを容易に調整できる上に、弾性変形の検出方法の選択肢が多いことが、板ばねを用いることの大きな利点である。ここでは、板ばねを用いて力を測定するときに、板ばねのサイズや、弾性変形の検出方法の違いによって測定感度がどのように異なるかを比較してみたい。

板ばねに作用する力を検出する方法としては、歪み、角度、変位を測定する方法がある。歪みを測定する場合は、ロードセルにも使われている歪みゲージを金属の板ばねに貼る方法が一般的である。図 7.2 のような板ばねの先端に力 F を加えるとき、板ばねのつけ根部分で応力が最大になるので、歪みゲージはつけ根にできるだけ近く貼ることになる。このとき、つけ根部分での歪み ε_c は、次式で与えられる[1]。

$$\varepsilon_c = 6Fl_c / Ewt_c^2 \tag{7.1}$$

一方、変位計を用いて変位を検出する方法もある。この場合、板ばねに不必要な力を加えることがないように、静電容量型などの非接触の変位計を用いて、変位が最大となる先端付近の変位を測定する。板ばね先端での変位 δ_c は、次式で与えられる。

$$\delta_c = 4Fl_c^3 / Ewt_c^3 \tag{7.2}$$

歪みと変位のいずれを検出する場合でも、力の検出感度を高くして、より

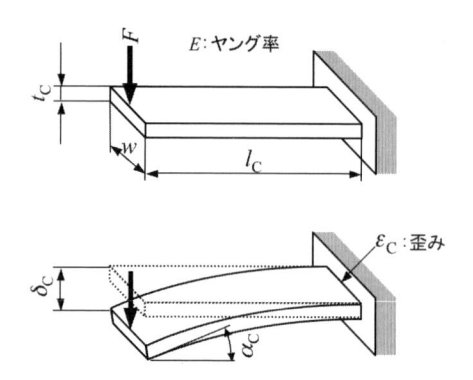

図 7.2 力を測定する板ばねの形状と力を受けたときの変形

小さな力を測定するためには、板ばねの厚さ t_c を薄く、長さ l_c を長くすればよい。では、歪みを検出する方法と、変位を検出する方法のどちらが微小な力の計測に向いているのだろうか。そこで、歪み ε_c を先端変位 δ_c の関数で表すと、次式の関係が得られる。

$$\varepsilon_c = 3t_c\delta_c / 2l_c^2 \tag{7.3}$$

この式から、歪みが先端変位の t_c/l_c^2 に比例することがわかる。したがって、先端変位が同じとき、t_c が厚く、l_c が短いほど、高い歪み検出感度が得られることになる。t_c が厚く l_c が短いほどばね定数は高くなるので、検出する力が大きいときは、剛性の大きなばねを用い、変位よりも歪みを検出した方が、測定感度の面では有利になる。その反対に、微小な力を検出しようとしたときは、歪みよりも変位を検出する方が有利になる〔7.4 節の (3) で、感度の具体的な比較を行っている〕。板ばねを設計する（ばね各部の寸法を決める）ことを考えると、歪みを検出する場合には、検出感度とばね定数が 1 対 1 の対応になっていないため、設計の自由度が大きくなり、かえって板ばねの設計は複雑になる。一方、変位を検出する場合には、ばね定数だけで検出感度が決まるため、板ばねの設計は比較的簡単である。

(4) 板ばねの角度変化を利用した力の検出

市販されている計測装置を利用して、板ばねに作用する力を測定するときに、角度変化を検出する機会は少ない。しかし、AFM は例外で、プローブ

先端に加えられる荷重を知るために、板ばね（カンチレバー）のたわみ角度を検出している。

図7.2のような形状の板ばねの先端に、力 F が加えられるとき、角度変化は先端で最大になり、そのときの角度 α_c は次式で与えられる。

$$\alpha_c = 6Fl_c^2 / Ewt_c^3 \tag{7.4}$$

（7.2）式を用いて、角度 α_c を先端変位 δ_c の式で表すと、

$$\alpha_c = 3\delta_c / 2l_c \tag{7.5}$$

となるので、l_c が短いほど、変位を検出するよりも検出感度の面で有利になる。l_c が短くなるとばね定数が高くなるので、角度検出は大きな力の測定に有利に思える。しかし、（7.5）式に板ばねの厚さ t_c が含まれていない点が、歪みと変位の関係とは異なっている。なぜなら、（7.4）式から、t_c を薄くすれば、力の検出感度は大幅に向上するが、このとき（7.5）式から、変位と角度の比は変化しない。これを別の視点から考えれば、厚さ t_c を薄くして、ばね定数を低くしたときに、l_c を短くすればその分だけ、変位と比較して高い検出感度が得られることになる。AFM でマイクロカンチレバーと呼ばれる小さな板ばねが広く利用されている理由の1つは、このように板ばねの長さが短いほど高い検出感度が得られるからに他ならない。

7.2 原子間力顕微鏡（AFM）の活用

(1) AFM の原理

AFM については、これまでに何度か触れてきたが、ここで、その特徴と力を測定する原理を詳しく紹介する。図7.3に、最も一般的な光てこ方式の AFM の概要を示す。試験片表面からの垂直抗力を受けるプローブは、カンチレバーと呼ばれる小さな板ばねの先端に取りつけられている。試験片表面の形状を測定するときは、プローブを一定の力で試験片表面に押し当てて、2次元的に走査する（プローブを主走査方向に往復させ、1往復ごとに主走査方向と直角に段階的に移動させる）。このとき、プローブに加わる力を検出して力を一定に保つためにレーザ光を利用して、カンチレバーがたわむ角度を測定する。カンチレバーがたわむと、カンチレバーの背面で反射したレー

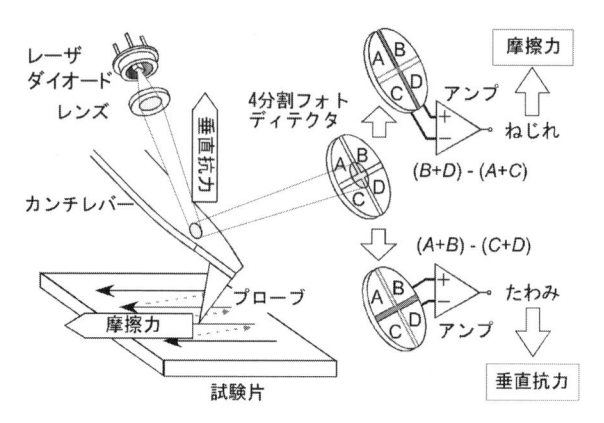

図 7.3 AFM におけるカンチレバーの変形を利用した力の測定方法

ザ光がフォトダイオードに当たる位置が変化する（このときの検出感度は前節で述べたとおりである）。あらかじめカンチレバーに一定の変位を与えて、走査中はその変位が一定になるようにフィードバックをかけるので、試験片が傾いているときや凹凸がある場合でも、荷重は一定に保たれる。

フォトダイオードに入射されるレーザ光の位置は、カンチレバーがねじれることによっても変化する。この変化を検出することで、プローブ先端に作用する摩擦力を検出することが可能になる。カンチレバーのたわみ角度を一定にして表面の形状を測定しながら、カンチレバーのねじれによる信号を記録すれば、走査した範囲での摩擦力の分布の様子、すなわちプローブと試験片の間に作用する水平力のマッピングを得ることが可能になる。このような測定は FFM（friction force microscopy）または LFM（lateral force microscopy）と呼ばれている。FFM の力の分解能は、カンチレバーによっても変化するが、オーダーとしてはおおよそ 1nN である。すなわち、AFM を用いると表面の微細な形状に加えて、摩擦力分布も高い空間分解能で測定することができる。そのため、マイクロトライボロジーに関する研究を行うための測定装置として、AFM は極めて重要な役割を担っている。

(2) AFM による摩擦力の測定

AFM により試験片表面の摩擦力を測定する場合、図 7.3 に示すようにカン

チレバーがねじれる向きに主走査を行う。FFM 測定では、カンチレバーのねじれ方向の信号電圧の変化を記録し、2 次元的な摩擦力分布として表示させる。このようにして得られた摩擦力像は、正確に摩擦の大小を表しているわけではなく、摩擦力の相対的な変化を示しているので注意が必要である。

例えば、図 7.4(a)のように、平面の中に摩擦係数が高い部分があり、往きに信号電圧が他より高くなったとすると、その部分では戻るときに信号電圧が低くなる。このときの摩擦力像を見ると、往きでは摩擦力が高い部分が明るく、走査方向を反転させると、摩擦力の高い部分は暗く表示されることになる。一方、図(b)に示すように、測定面に傾斜がある場合には、傾斜面の傾きが摩擦力像に現れる。傾斜面では、プローブが斜面に押しつけられるために、傾斜を上るとき、下るときそれぞれでプローブ先端が横方向に変位して、摩擦力が変化したのと同じような信号が得られる。これは純粋な摩擦力とは異なるので、接線力（tangential force）と呼んで区別されることがある。

摩擦係数が異なる面では、往きと戻りで摩擦力像〔図(a)〕のように明暗が反転する。それに対し、斜面から受ける接線力を検出している場合は、往き

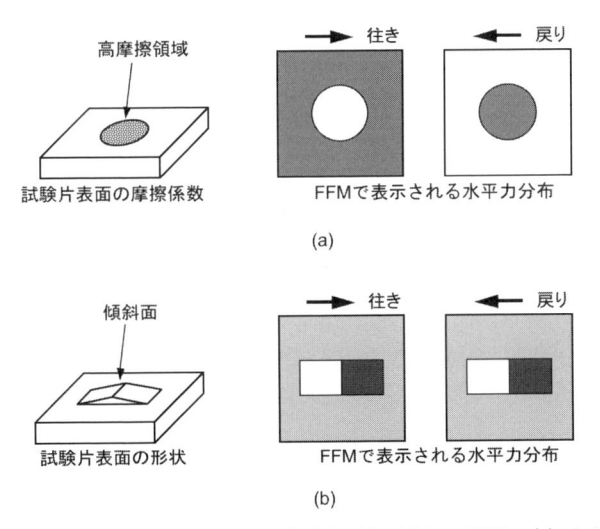

図 7.4 FFM で表示されるイメージと摩擦力（水平力）の関係。(a) 中心に摩擦係数の高い部分がある場合は、往復時に明暗が反転する、(b) 斜面から受ける力が支配的な場合は、往復で同じ像が得られる。

に斜面を登り、戻りで斜面を下る領域での信号電圧の増減の向きは、同じになる〔図(b)〕。つまり、水平力像では、明暗が反転せず、往復で同じ水平力分布が得られる（このように FFM は、摩擦力だけを純粋に検出しているわけではないので、LFM（水平力顕微鏡）と呼ぶ方が適当かもしれない）。

試験片表面の摩擦係数が場所によって異なり、かつ表面粗さもある場合には、摩擦係数の分布と、粗さの斜面から受ける接線力の分布が、重畳されて水平力像に現れる。そのため、そのままでは摩擦係数の分布を知ることができない。摩擦力と接線力を区別する必要があるときは、往復の水平力像を比較するとよい。両方の像を見比べて、明暗が反転している領域があれば、その部分の摩擦係数が周りと異なっていることになる。

摩擦力分布を抽出したいときには、往きと戻りの2つの画像を重ねてその差を計算すれば、接線力はキャンセルされて、純粋に摩擦力分布を画像化できそうである。しかし、実際には、走査機構（チューブスキャナ）のヒステリシス、フィードバックの遅れ、カンチレバーのねじれによるプローブ先端位置のずれなどが影響するために、正確な摩擦力分布を求められないことがある。そこで、最近の AFM には、プローブを試験片に接触させて走査するときに、カンチレバーがねじれる方向に微小振動を加え、振幅の変化から摩擦力を検出する機能が組み込まれているものもある。

FFM 測定を行うもう 1 つの目的は、摩擦力あるいは摩擦係数を定量的に求めることである。その場合、摩擦力の 0 点が重要になってくる。しかし、通常は信号電圧が 0 のときに、必ずしも摩擦力は 0 になっていない。摩擦力の絶対値を知る方法の 1 つに、図 7.5(a)に示すような摩擦力ループ呼ばれる信号を利用することがある。摩擦力の基準になる点が曖昧なので、プローブが 1 往復する間のねじれ信号の差を利用する。それぞれの平均をとって、その差の 1/2 が摩擦力の絶対値になる。なお、摩擦（走査）条件によっては、図(b)や図(c)に示すような信号が得られることもある。

走査している表面全体にわたって平均の摩擦力を求めるときは、往復の水平力像を記録して表示させる機能を用いて、図 7.6 に示すように往きと戻りの FFM 像を記録して表示させる。それぞれの画面の水平力信号の平均値を調べ、その差の 1/2 を計算することで、走査面全体の摩擦力の平均値を求め

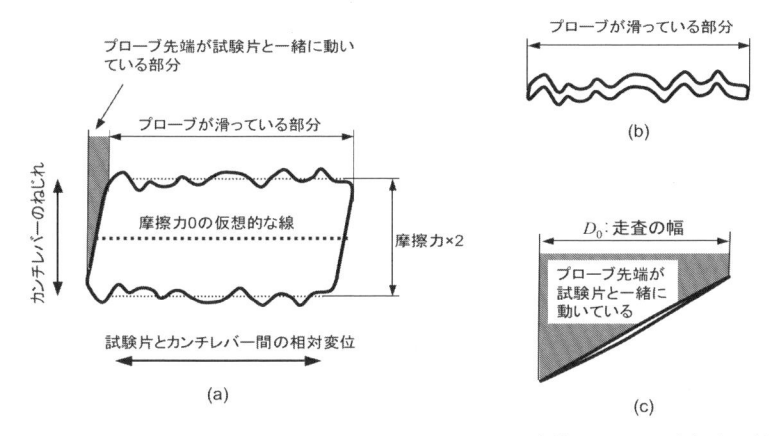

図7.5 AFMで1往復の走査中に記録されるいろいろな摩擦力ループ。(a) 実効的な荷重が高く走査範囲が広い場合、(b) 実効的荷重か摩擦係数が極端に低い場合、(c) 実効的荷重が極端に高いか、走査範囲が狭い場合。

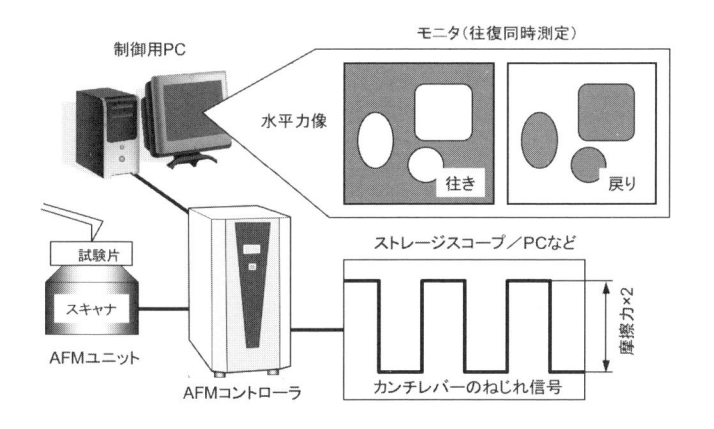

図7.6 AFMでの摩擦力の記録と平均摩擦力の求め方

ることもできる。また、AFM に水平力信号のモニタ端子がついている場合は、その出力を外部のストレージスコープなどで記録し、往復の摩擦力の差から平均の摩擦力を求めることができる。

(3) 力の絶対値への換算

摩擦力の大小を比較する目的で、センサの出力電圧をそのまま用いること

もあるが、力の単位に変換するためには、少々面倒な計算をして、センサの出力電圧V_{OUT}をプローブ先端に作用する水平力F_{L}に変換する係数を求めることになる。

$$V_{\mathrm{OUT}} = S_{\mathrm{F}} F_{\mathrm{L}} \tag{7.6}$$

で摩擦力検出感度S_{F}を定義したとすると、S_{F}を求めるためには水平力F_{L}によって生じるカンチレバー先端のねじり角ϕ_{C}を計算によってまず求め、カンチレバー先端に既知のねじり角を与えてそのときの出力電圧を調べる必要がある。図7.7に示すような寸法のカンチレバーのプローブ先端に水平力F_{L}が作用したとき、ねじり角度ϕ_{C}とF_{L}は次のような関係となる。

$$\phi_{\mathrm{C}} = \frac{3 F_{\mathrm{L}} l_{\mathrm{P}} l_{\mathrm{C}}}{G w t_{\mathrm{C}}^{3}} \tag{7.7}$$

次に、ϕ_{C}とV_{OUT}の関係を調べるわけだが、そのためには既知のねじり角をカンチレバー先端に与える必要がある。そこで、摩擦力を測定するよりも高い荷重でプローブを試験片に押しつけ、滑らないようにして狭い範囲で走査を行うと、図7.5(c)のような信号が得られる。このとき、走査の幅D_0が先端での変位となり、$\phi_{\mathrm{C}0} = D_0 / l_{\mathrm{P}}$で与えられるので、そのときの出力電圧の変化$V_{\mathrm{OUT}0}$を記録しておけば、摩擦力の検出感度は、

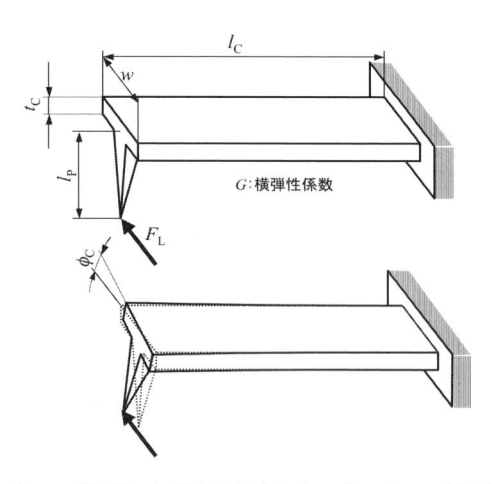

図7.7　プローブ先端に水平力を受けるカンチレバーの形状とその変形

$$S_\mathrm{F} = \frac{3l_\mathrm{P}{}^2 l_\mathrm{C} V_\mathrm{OUT0}}{G w t_\mathrm{C}{}^3 D_0} \tag{7.8}$$

で計算することができる。注意しなければならないのは、このようにして求めた力検出感度には様々な要因による誤差が含まれていることである。まずカンチレバーの寸法は、カタログに記載されている値を通常使うが、特に厚さ t_C は製造プロセスの関係でばらつきが生じやすい上に、わずかな寸法差が3乗されて感度に影響を与えてしまう。Si_3N_4 カンチレバーの場合は、さらに横弾性係数 G にも誤差が含まれている可能性がある。筆者は、1982年のPetersenの論文[2]に記載されているヤング率（146GPa）に適当なポアソン比（例えば 0.3）を組み合わせた値をよく使うが、ヤング率はプロセス条件によっても変化してしまう。このような問題はカタログに記載されているたわみのばね定数にもあり、Si_3N_4 薄膜のヤング率の不確定性に起因する誤差が含まれていると考えてよい。

このような誤差が積み重なると、換算した値が、実際の摩擦力または垂直荷重から2倍くらいずれてしまうことは十分にあり得る。摩擦力や垂直荷重それぞれに含まれる誤差を最小にするためには、個別にカンチレバーの厚さを測定したり、カンチレバーの共振周波数を測定して正確なばね定数を計算したり、有限要素法を用いてプローブ先端での横方向剛性を計算したりして、ねじり剛性やたわみのばね定数を正確に求める必要がある。

(4) AFMで測定した摩擦係数は信頼できる

摩擦係数を求める場合に、カンチレバーの寸法や材料定数の不正確さに起因する誤差はどのような影響を与えるだろうか。そこで、(7.4)式によるたわみの剛性と、(7.7)式によるねじり剛性の比を計算して見ると、次式のようになる。

$$\frac{F_\mathrm{L}/\phi_\mathrm{C}}{F/\alpha_\mathrm{C}} = \frac{2Gl_\mathrm{C}}{El_\mathrm{P}} \tag{7.9}$$

垂直力とばねのたわみの比（F/α_C）とプローブ先端に作用する横方向の力とカンチレバーのねじれ（$F_\mathrm{L}/\phi_\mathrm{C}$）には、いずれもカンチレバーの厚さ t_C の3乗が含まれている。しかし、(7.9)式の右辺では、カンチレバーの厚さは

消えてしまう。ここでさらに、$G = \nu E$（ν：ポアソン比）の関係を用いれば、ヤング率 E も消えてしまう。残った定数の中で、カンチレバーの長さ l_c や、プローブの長さ l_P は、ある程度正確に求めることが可能である。ポアソン比 ν は薄膜の物性値が不確かではあるが、バルクの値と極端に異なることはないだろう。したがって、(7.9) 式で摩擦係数を大きく狂わせるものは見当たらず、ばね定数が不確かなカンチレバーを用いた測定であっても、ある程度正確な摩擦係数が求められることになる。

(5) 傾斜面を利用した水平力の校正方法

カンチレバーのねじり剛性、あるいはプローブ先端に力が加えられたときのカンチレバーの（ねじり変形と横方向のたわみの両方を考慮した）横方向の剛性を計算しなくても、摩擦力のおおよその値を校正する方法がある。

図 7.8(a) に示すように、斜面からプローブが力を受けているとき、その力を垂直方向の力 L_N と、接線力 F_T に分けて表す。斜面の角度を θ、斜面とプローブの間の摩擦係数を μ として、$dF_\mathrm{T}/dL_\mathrm{N}$ は次式で表すことができる[3]。

$$\frac{dF_\mathrm{T}}{dL_\mathrm{N}} = \frac{(1+\mu^2)\sin\theta\cos\theta}{\cos^2\theta - \mu^2\sin^2\theta} \tag{7.10}$$

ここで、F_T はプローブ先端が純粋に斜面から受ける力であり、カンチレバーのねじれから検出される水平力とは必ずしも対応していない。水平力から F_T を求めるためには、同一の斜面での水平力を往復で測定し、その平均を求める。すると水平力に含まれている摩擦力成分が取り除かれ、接線力 F_T だけが

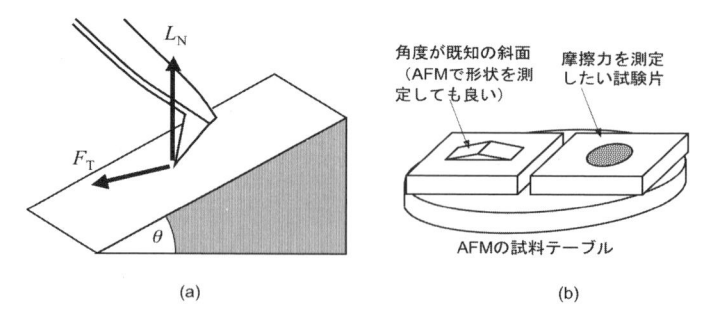

図 7.8 AFM における接線力を利用した水平力の校正方法。(a) プローブが傾斜面から受ける力、(b) 摩擦力校正の具体的方法の例。

残る。一方、L_N は荷重に相当し、カンチレバーのたわみ量とばね定数から計算できる。

　実際に（7.10）式を使って摩擦力を校正しようとしたときに、式の右辺に摩擦係数 μ が含まれているのが少々やっかいで、摩擦力を知るために、あらかじめ摩擦係数を知っていなければならないことになる。しかし、もし摩擦係数が 0 （$\mu = 0$）であるならば、(7.10) 式の右辺は $\tan\theta$ になる。摩擦係数が 0 でなくても、例えば $\mu = 0.3$ であったとしても、$\tan\theta$ から求めた接線力との誤差は 20％程度である。したがって、適当な摩擦係数を仮定して、(7.10) 式から垂直力と水平力の感度比を求めた場合、特に摩擦係数が低い条件では、ある程度正確に水平力を校正できることになる。ただし、垂直力 L_N を基準に計算しているため、カンチレバーのたわみのばね定数に起因する誤差は、水平力にもそのまま反映されてしまう。

　対象とする試験片表面の摩擦力や摩擦係数を調べたいときには、対象とする試験片の直近に校正用の角度のついた基板を配置する〔図 7.8(b)〕。水平方向の粗動機構によって、測定対象面と校正用斜面の間でプローブを移動させることができれば、レーザ光の再調整をする必要がないので、レーザ光学系の検出感度の差違による誤差を排除することができる。なお、AFM によっては、カンチレバーに照射するレーザ光のスポット位置を一定にしたまま試験片を交換できるタイプもあるので、そのような場合には校正用の基板を試験片の直近に配置する必要はなく、必要な測定を行った後に校正用の基板を使って校正すればよい。また、プローブと斜面の間の凝着力が無視できない場合には、2 種類以上の荷重によって校正を行えば、それぞれの差を用いることによって、凝着力の影響を排除することができる。

　カンチレバーのねじり剛性を計算する手法と、斜面の接線力を利用する手法を比較したときに、前者はあらかじめ剛性を計算しておけば、試験片をそのまま用いて図 7.5(c)のような信号を記録することで、簡単に水平力を校正できる。後者の斜面を利用する方法では、レーザ光の調整を行うたびに、斜面を設けた基板を用意しなければならないが、前者と比べれば信頼性は高い。特に、摩擦係数を求める場合には、数％以下の誤差に抑えることも可能であると考えられる。

(6) 多様なカンチレバーとプローブ

一般の摩擦摩耗試験機では、試験片の材質は自由に選択できる。AFM を例えば鋭いピンを使うピンオンプレート式摩擦試験機とみた場合、プレートに相当する試験片の材質は自由に選べるが、ピン試験片に相当するプローブについては、材質の選択の自由度は少ない。これは、プローブがカンチレバーと一体で作製されており、その作製プロセスで CVD（chemical vapor deposition）やエッチングなどの MEMS（micro electro mechanical systems）技術を必要とするため、材料が限定されてしまうことによる。

表 7.1 市販されている AFM 用カンチレバーの仕様

材質	形状	ばね定数（N/m）	カタログに記載されている主な用途
Si_3N_4	三角形	0.01～0.58	コンタクト
	短冊形	0.006～15	LFM、リソグラフィー、フォースカーブ測定
Si	短冊形	0.1～20	コンタクト、LFM
	短冊形	2～140	タッピング、ノンコンタクト

表 7.1 に、市販されている AFM 用カンチレバーの例を示す。コンタクトモード用カンチレバーのばね定数はおおむね 1N/m 以下で、窒化シリコン（Si_3N_4）が用いられることが多い。タッピングモードやノンコンタクトモード用カンチレバーのばね定数は 2～50N/m の範囲にほとんどあり、単結晶シリコン製が中心となっている。コンタクトモード用のカンチレバーには、三角形状のタイプと短冊形状のタイプがあり、FFM 測定には短冊形状のカンチレバーが一般的に用いられている。なお、表 7.1 に示した主な用途は標準的なものであり、それぞれ異なる測定に使用することも可能である。

最近では、AFM は様々な科学技術分野で利用されており、それに合わせてプローブの選択の幅も広がっている。例えば、アルミニウム、金、ダイヤモンドがコーティングされたカンチレバーが市販されている。また、形状測定のためにプローブ先端の曲率半径は通常はできるだけ小さく製作されているが、接触面圧を低下させるためにプローブの先端が平坦かあるいは通常よりも大きな曲率半径を有するプローブを供給しているメーカーもある。これらをうまく用いれば、多様な条件での摩擦測定が可能になる。

摩擦試験装置として AFM を見たとき、プローブ材質の選択の自由度が低い、接触面積が小さい、高い摩擦速度を得ることが難しいなどの制限がある。しかし、AFM でなければできない測定もあり、マイクロ・ナノトライボロジーの研究において AFM が果たす役割は大きい。AFM を利用して摩擦・摩耗試験を行うときは、PZT スキャナやカンチレバーをはじめとした AFM の特徴と限界をよく理解し、測定の方法を計画することが非常に重要である。

【カンチレバーの改造・作製】
　カンチレバーを目的に合わせて、改造したり自作したりすることができれば、マイクロトライボロジーの実験の自由度は大幅に向上する。メーカーが供給しているカンチレバーで、目的とする試験が行えない場合は、カンチレバーを改造するか作製することになる。マイクロカンチレバーを設計し作製する場合、メーカーに依頼したり、MEMS ファンドリーサービスを利用したりすることも可能であるが、ウェーハ単位で作製するのでコストが高くなってしまう。そこで、次のような取り組みが考えられる。
① 比較的取り組みやすいのが、金属製の板ばねに任意の材質のプローブを接着する方法である。この方法では、小さなカンチレバーを作ることが難しいので、光てこ方式の AFM では感度が低下すること、カンチレバーの固有振動数が低下するため擾乱の影響を受けやすくなることが問題点として上げられる。しかし、ばね定数やプローブの材質の選択の自由が高く、高荷重の摩擦実験には十分に利用できる。
② マイクロカンチレバーの先端に、ガラス球やダイヤモンドなど様々な試験片を接着することも、マイクロマニピュレータなどがあれば比較的容易に行える。カンチレバーと比較して試験片が極端に重くなければ、固有振動数の低下も無視でき、マイクロカンチレバーと同程度の感度が得られる。
③ FIB（focused ion beam）加工装置を用いると、カンチレバーやプローブの形状の変更が容易に行える。スパッタリングによる除去加工で、カンチレバーの厚さや幅を部分的に変えて、ばね定数やねじり剛性を調整することや、プローブの先端を加工して接触面積を大きくすることが可能である（図 6.3、6.9、6.14 参照）。FIB 加工の欠点は、除去体積が大きくなると加工に時間がかかることであるが、カンチレバーの加工に限らず、マイクロトライボロジーの試験で適用できる場面は多い。

7.3 多様なマイクロトライボロジー測定装置

(1) 表面間力測定装置

　AFM 以外の摩擦試験装置もマイクロ・ナノトライボロジー試験装置として利用されている。その中で、SFA（surface force apparatus）を用いた報告を目にすることが多い。SFA は、試験片表面間に作用するファンデルワールス力などの表面間力を測定するために当初開発されたが、摩擦力を測定できるタイプもある。SFA で、マイカのへき開面や、表面を非常に滑らかに仕上げたガラスを試験片として用いると、表面や表面間に挟まれた分子が規則正しく配列することにより、マクロなトライボロジー試験では観察できないような表面間力や摩擦力の挙動が観察されることがある。

　SFA を用いて固体間のファンデルワールス力を直接測定する試みは、1969年頃から行われるようになったと思われる。Tabor の論文[4]では、非常にエレガントな方法で測定を行っているので、その機構について簡単に紹介したい。図 3.3 で示したように、球面と平面間に作用する非遅延ファンデルワールス力は、固体間の距離の 2 乗に反比例する。ばねで支えられた試験片を、もう一方の試験片に近づけていくと、ファンデルワールス力が大きくなるとともに、その力の勾配も急になっていく。一方、ばねの力の勾配は一定なので、ある距離まで近づくと、一気に試験片がジャンプしてもう一方の表面に接触する。この測定方法は、ジャンプイン法、またはプルイン法と呼ばれている（図 7.9）。

　この方法では、ばね定数でジャンプインの距離が決まってしまうため、距離の関数としてファンデルワールス力を測定しようとした場合は、異なるばね定数を有するばねを用いる必要がある。そこで、ばねの途中にクランプを入れて、ばねの実質的な長さを変化させられるようにすることで、広い距離範囲でファンデルワールス力の測定を可能にしている。ところで、ジャンプイン法で検出する距離はナノメートルのオーダーである。このような短い距離を測定するために、試験片表面間の距離の検出方法にも特徴がある。光学的な方法を用いているのだが、試験片であるマイカをガラスに貼りつけ、試

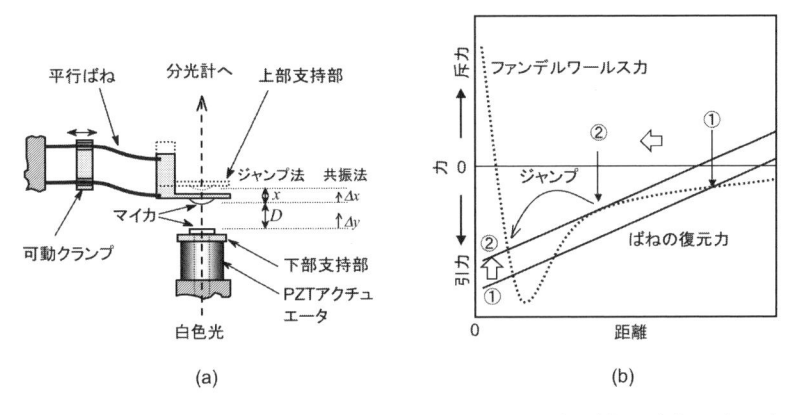

第7章　微小な摩擦力を測る技術　　　　　　　　　　　　　　*181*

図7.9　ジャンプイン法によるファンデルワールス力の測定。(a) 測定装置（SFA）の概要[5]、(b) ばねの位置が①から試料側に近づくと、バランスする点も試料側に近づき、②の位置になったときに不安定となり、ジャンプして次の安定点に移動する。

験片表面間で白色光を干渉させ、その反射光を取り出す。スリットにその反射光を透過させ、次にプリズムを通すことによって、波長の変化を位置の変化に変換する。このような方法によって、0.3 nm の分解能が得られている。

　光学的な方法だけではなく、静電容量やピエゾバイモルフなど他の方式によっても高い力分解能を得ることができ、表面間力を測定することができる。また、水平方向に表面を相対変位させて、摩擦力やせん断力を測定できる装置も開発されており、そのような装置も SFA と呼ばれている。

(2) MEMS を用いた摩擦力測定

　マイクロマシン（MEMS）を用いて MEMS に作用する摩擦力を測定した研究も報告されている（図7.10）。図(a)に示すような静止摩擦力測定装置では、櫛歯型静電アクチュエータに電圧を加え、サスペンションに支えられたスライダを基板と平行に右方向に引っ張り、その状態でスライダと基板間に垂直に電圧を印可し、スライダをホールドする。櫛歯型アクチュエータに加える電圧を0にした後に、垂直方向の電圧を徐々に下げていくと、サスペンションの復元力が、スライダと基板間の摩擦力を上回り、スライダが中立位

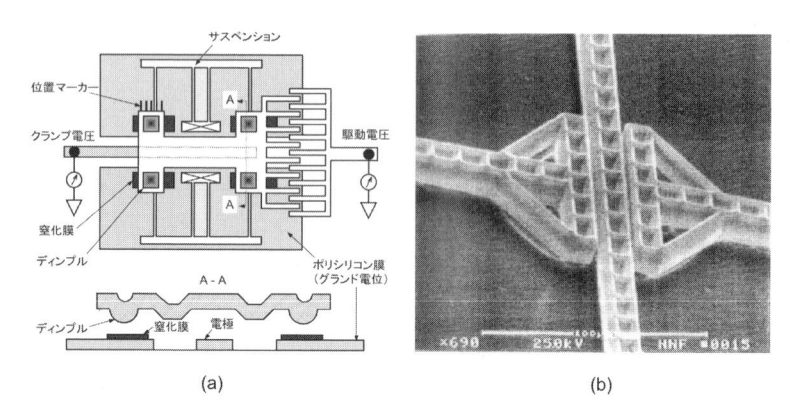

図 7.10 摩擦力を測定する MEMS の機構。(a) 静止摩擦の測定装置の概略 [6]、(b) 動摩擦力を測定可能な機構の摩擦部分 [7]。

置に戻る。このとき垂直方向の電圧、サスペンションのばね定数と変位から静止摩擦力が求められ、多結晶シリコン間の摩擦係数として 4.9 という値が報告されている。

　基板と平行な平面間に電圧を加えた場合、平面間の距離を連続的に制御することは難しい。そこで、摩擦面が基板と垂直な方向になるような機構を用いることで、SiO_2 表面の摩擦力が測定されている。図(b)の左右にある構造体、および中央の梁は、それぞれ櫛歯型静電アクチュエータで駆動されるため、電圧をコントロールすることで連続的な変位あるいは力を与えることができる。SEM（scanning electron microscope）で動作を観察しながら、左右の構造体で中央の棒を挟むようにし、その状態で中央の棒を滑らせ、そのときに加えられていた電圧から摩擦力を求めた。0.8〜20μN までの一定荷重のもとで、静止摩擦係数 0.5、動摩擦係数 0.45 が測定され、4〜5 回摩擦を繰り返すことで摩擦係数が 0.2 に低下したと報告されている。

　MEMS により作製された試験装置の問題点として、試験片は構造体と同時に作製されるため、摩擦面の形状、材質、駆動力、測定精度などに大幅な制約が生じることが挙げられる。駆動機構と摩擦力測定部を別々に用意すれば、実験の自由度は大きく向上する。図 7.11 のセンサは、2 次元量子摩擦（5.4 節参照）をより高い分解能で測定することを目的として開発されている。こ

第7章　微小な摩擦力を測る技術

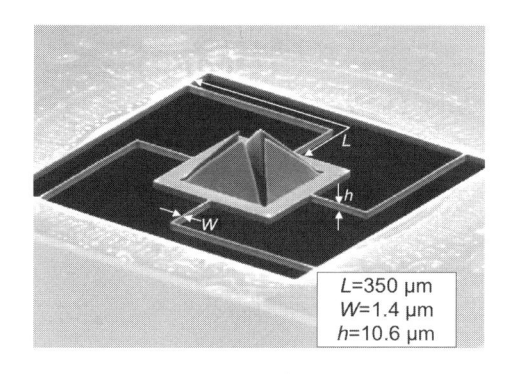

図7.11　水平面内で直交する2方向力を検出するtribolever[8]。

のセンサの特徴は、水平面内で摩擦方向とその直交方向に作用する力に対して、同じばね定数を有する検出機構を有している点である。中央の下側にプローブが取りつけられており、家の屋根のようになっている部分の変位を光学的に検出することで、摩擦力を測定することができる。

(3) マイクロ水平力センサ

FFMでは水平力の検出感度はカンチレバーのねじり剛性により決まるため、低い摩擦力を測定するときは、ねじり剛性の低いカンチレバーを用いる必要がある。(7.7)式からは、カンチレバーを長くすれば、ねじり剛性を低下させることはできるが、その場合カンチレバーのたわみ角度が大きく変化するようになる〔(7.4)式〕。垂直荷重に対する摩擦力の測定感度を上げようとしたときには、プローブを長くするしかないが、その場合でも、摩擦力によるプローブ先端の変位も大きくなるため、空間分解能が低下してしまう問題が残る。

試験片側に摩擦力検出用のセンサを組み込めば、カンチレバーのねじり剛性と独立に、水平力を検出することができるようになる。したがって、低い摩擦力を測定する場合でも、ねじり剛性の高いカンチレバーを利用できるようになり、摩擦力測定の空間分解能が向上する。ここでは、MEMS技術を用いて筆者の研究グループが開発したマイクロ水平力センサを紹介する。

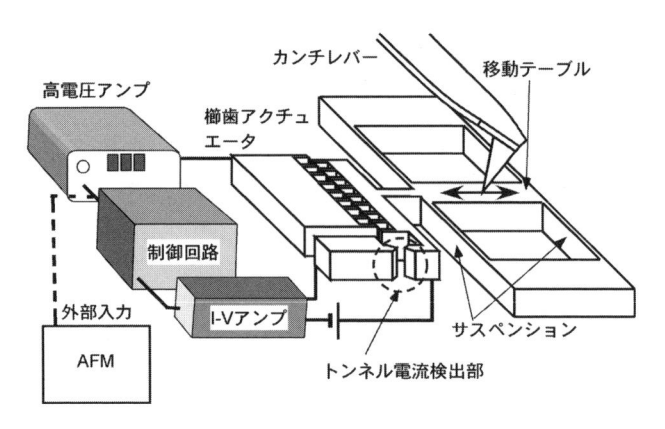

図7.12 トンネル電流を利用したマイクロ水平力センサの原理 [9]

図7.12にマイクロ水平力センサによる摩擦力測定の原理を示す。センサデバイスは櫛歯型静電アクチュエータ、移動テーブル、サスペンション、トンネル電流検出部で構成される。センサデバイスの櫛歯型静電アクチュエータに駆動電圧を加えると、移動テーブルが水平方向に駆動し、トンネル電流検出部の対抗電極（以下、トンネル電極）間の距離が減少する。トンネル電極にバイアス電圧が加えられていると、トンネル電極間の距離がトンネルギャップ程度まで減少したときに、トンネル電流が流れる。

トンネル電流が一定となるように、センサ回路で静電アクチュエータの駆動電圧を制御した状態で、移動テーブルに水平方向の力を加えると、トンネル電流の変化を打ち消そうと静電アクチュエータの駆動電圧が変化する。その結果、移動テーブルに加えられた水平力は、制御ユニットの出力電圧の変化として現れる。ここで、移動テーブルに加えられた水平方向の力をF_L、制御ユニットの出力電圧の変化をΔV_Cとすると、F_LとΔV_Cの関係は次式で与えられる。

$$F_L = K_L \Delta V_C \frac{dx}{dV_D} \tag{7.11}$$

ここで、K_Lはセンサデバイスの移動テーブルを支えるサスペンションの水平方向のばね定数である。また、dx/dV_Dは、静電アクチュエータに電圧を加え、トンネル電極がトンネルギャップ程度まで接近しているときの単位駆動電圧

あたりの移動テーブルの変位量を表す。したがって、サスペンションのばね定数 K_L と、アクチュエータに加える駆動電圧と移動テーブルの変位の関係（dx/dV_D）をあらかじめ調べておけば、制御ユニットの出力電圧の変化 ΔV_C より水平力を求めることが可能になる。

図 2.20 と同じような周期突起パターンをマイクロ水平力センサ上に形成し、その上をプローブで走査したときに、マイクロ水平力センサの制御ユニットの出力電圧から得られた水平力像を図 7.13 に示す。往復で走査したときの、往き（左から右）の信号を図(a)に、戻り（右から左）の信号を図(b)にそれぞれ示している。比較のために、ほぼ同じ場所を走査したときに、カンチレバーのねじれ信号から得られた対応する水平力像を図 7.14 に示す。周期的突起パターン上で測定された水平力の変動は、傾斜面から受ける接線力の変化が支配的である。そのため、図 7.4(b)で説明したしたように、往きと戻りでほとんど同じ水平力像が得られる。それは、水平力センサを用いた測定でも、カンチレバーのねじれを検出する測定のどちらにも当てはまる。図 7.13 の濃淡のスケールは、制御回路（図 7.12）からの出力をそのまま使っているので絶対値としては大きくなっているが、最大値と最小値（明るい部分と暗い部分）の差は、240〜300 mV 弱となっている。一方、カンチレバーの

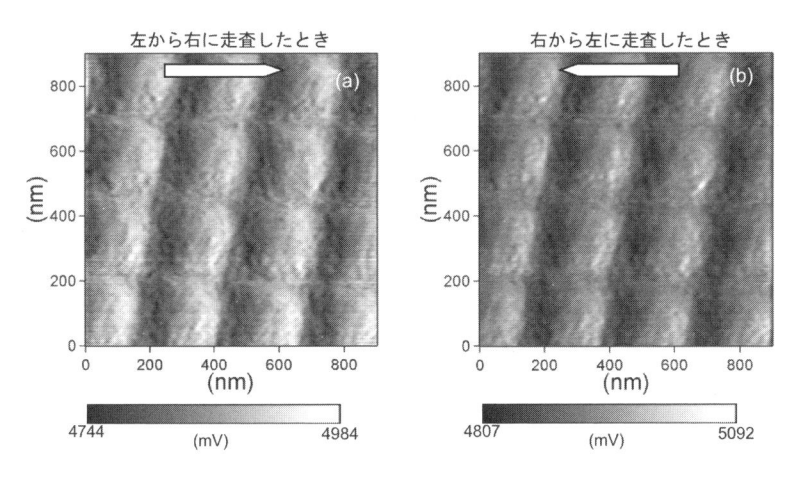

図 7.13　マイクロ水平力によって測定された周期的突起配列上での水平力像（周波数領域でフィルタをかけて 50 Hz のノイズを除去している）

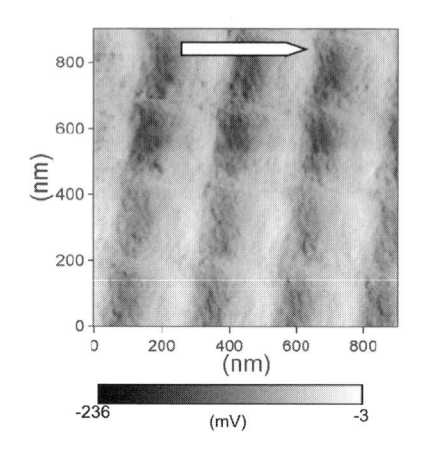

図7.14 カンチレバーのねじれの信号から得られた（通常の FFM 測定による）水平力像

ねじれ信号のスケールの幅は約 240 mV なので、マイクロ水平力センサでは、カンチレバーのねじれ検出と同程度の検出感度が得られていることになる。ただし、マイクロ水平力センサではノイズレベルが高いため、より高感度の水平力検出のためには電磁ノイズのシールドを改善する必要がある。

MEMS 機構を応用してトライボロジーの試験を行う場合には、サイズが小さいことから、振動による擾乱の影響は小さくなり、精密な測定を行いやすくなる。MEMS 技術によって作製される AFM のマイクロカンチレバーは、正に小型化の恩恵をうまく利用している。今後、MEMS の機構は測定技術の高度化の面でも、発展が期待される。

7.4 自分で設計するマイクロトライボロジーテスター

(1) 板ばねを用いた摩擦係数の測定

ニュートンオーダーの比較的大きな荷重を加えて、摩擦を行う摩擦試験機には、多くの種類の市販品がある。また、これらのうちのいくつかは、標準的な摩擦摩耗試験装置として広く認知されている。一方、マイクロニュートンやミリニュートンの微小な摩擦力を測定することができる試験装置につい

ては、最近国内のメーカーも開発に加わり、市販品の種類も少しずつ増え始めてきている。ただし、ニュートンオーダーの摩擦力を測定するような試験装置と比較すると、標準試験機的な使い方をされている装置はほとんどない。今後、市販の装置を利用したマイクロトライボロジーの研究に関する報告も増えてくると思われるが、しばらくの間は試験装置を自作する機会が多いだろうと思われる。

　筆者の場合も、板ばねの変位を検出することで、摩擦力、垂直荷重、引離し力を測定する測定装置をいくつか自作している。ここでは、往復動型の摩擦試験を取り上げ、装置を設計する上でのポイントを具体的に紹介していきたい。

(2) 板ばねの形状と固有振動数の関係

　摩擦力の検出感度を向上させることができれば、摩擦が表面の状態に強く依存するようになり、測定は難しくなるが新しい現象を発見できるチャンスが広がる。検出感度を高くする方法として、板ばねのばね定数を下げることが考えられる。しかし、その場合の問題点として、早い現象に追従できなくなること、スティックスリップの発生が懸念されることが挙げられる。さらに、板ばねの固有振動数が下がることで、擾乱による振動の影響を受けて、かえって検出感度が下がってしまうこともある。

　7.1 節では、歪み、角度、変位を検出するときの検出感度の比較を行ったが、実際に装置を設計するときには、検出感度と固有振動数の両方が重要である。そこで、図 7.2 に示した形状の板ばねの先端に試験片を取りつけることを想定して、板ばねのサイズや板ばね先端に取りつけた質量を変化したとき、板ばねの固有振動数がどのように変化するかを見てみる。先端に重りが取りつけられていないとき、たわみの固有振動数 f_{n1} は、

$$f_{n1} = \frac{1}{2\pi}\sqrt{\frac{E}{3\rho}\left(\frac{1.76 t_C}{l_C^2}\right)} \tag{7.12}$$

で与えられる[11]。ここで、ρ は板ばねの密度であり、AFM のマイクロカンチレバーの固有振動数を求めるときに、この式を利用することができる。板

ばねの先端に質量 m のおもりが取りつけてあり、板ばねの密度を無視すると、たわみの固有振動数 f_{n2} は次のように求められる。

$$f_{n2} = \frac{1}{2\pi}\sqrt{\frac{Ewt_c^3}{4ml_c^3}} \tag{7.13}$$

金属製の板ばねなどの先端に取りつけた試験片の質量 m が大きいときには、こちらの（7.13）式を使って計算することになるだろう。

固有振動数の（7.12）および（7.13）式と、板ばねの歪み、変位、たわみ角度を検出するときの（7.1）、（7.2）、（7.4）式を比較してみると、いずれの検出方法でも、板ばねの厚さ t_c を薄くすることが、固有振動数の点から見て感度向上に有利である。なぜなら、t_c が薄くなると固有振動数は低下するが、それ以上に検出感度が上昇するからである。先端に重りがないときは、厚さ t_c と長さ l_c をともに小さくすると、検出感度を向上させながら固有振動数も増加させることができる。また、板ばねに加えられる力を先端の変位から検出する場合には、長さ l_c を長くしても固有振動数の低下より、感度向上の効果の方が高くなる。

(3) 高感度な検出方法の選定

実際に試験片を用意して微小な力を測定しようとしたとき、試験片の大きさはあらかじめ決まっているため、板ばねのサイズもおおよそ決まってしまうことが多い。板ばねの幅や長さに制約がある場合でも、板ばねの厚さ t_c を薄くすれば、ばね定数は低下し、式の上では力の測定分解能も向上する。しかし、動摩擦力を測定するときには、極端にばね定数が低いとスティックスリップが発生しやすく測定が難しくなるため、ばね定数を高くして δ_c を低く抑えた方が好都合なことが多い。動摩擦の測定を目的としない場合でも、ばね定数を低くするのには限界があり、ばね定数が低くなるほど、固有振動数の低下によって測定は難しくなってくる。したがって、微小な力の検出を容易に行うためには、できるだけ感度の高い検出方法を選択したい。

歪みを測定するときには、歪みゲージを用いる。歪みゲージは、安価で取り扱いが容易なことが大きな利点である。抵抗変化はブリッジ回路によって

測定する。検出感度は、金属製の歪みゲージで 100 mV/10^{-6} 程度である。複数の歪みゲージを組み合わせてブリッジ回路を組むことで、2 倍、4 倍と感度を上げることが可能であるが、あまり極端に高くすることは難しいだろう。なお、半導体歪みゲージを用いれば、金属製歪みゲージの 2 桁程度高い感度を得ることができるが、温度補償が問題になってくる。

変位を検出する場合には、様々なタイプの非接触式変位計が市販されているので、その中から目的に合ったものを選択するのがよい。代表的なものに、渦電流式、静電容量式、反射光の散乱や干渉を利用する方式、動きがあるものを測定する場合には反射光のドップラー効果を利用する方法もある。それぞれ一長一短があり、同じ方式を採用していても、メーカーや製品によって検出感度が大きく異なる。筆者の使ったセンサの中で最も感度が高かったのは、静電容量式の変位センサで 2 mV/nm 程度であった。

歪みあるいは変位を検出したときに、実際の力検出感度はどの程度になるのだろうか。図 7.15 は、幅 10 mm のステンレスの板ばねの厚さと長さを変化させて、たわみによって力を測定するときに、歪みと変位による検出感度 (V_{OUT}/F [mV/nN])が、それぞれどのように変化するかを対数で表している。例えば、0 の太い線は検出感度が 1 mV/nN であることを表している。歪みは金属製の歪みゲージを 4 枚用いてフルブリッジ回路を組んだ場合 (0.4V/10^{-6})

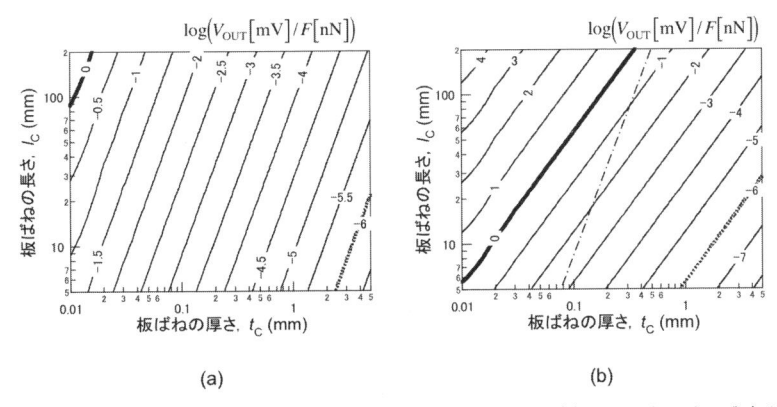

図 7.15 板ばねの歪みと変位による力検出感度の比較。(a) 歪みゲージの感度を 0.4V/10^{-6} と仮定して求めた力検出感度、(b) 変位計の感度を 2 mV/nm と仮定して求めた力検出感度 (一点鎖線は歪みゲージの感度-3を表す)。

変位は 2 mV/nm の感度の変位計を用いた場合を想定している。

　扱いやすい板ばねの厚さは 0.1 mm 程度で、それよりも薄くなると容易に塑性変形してしまい、サンプルの取りつけも難しくなる。静電容量センサの場合は、厚さ 0.1 mm、長さ 50 mm ほどの板ばねを用いれば、1 mV/nN の感度が得られるが、金属歪みゲージで微小な力を測定しようとした場合は、1〜10 mV/μN がほぼ限界に近いと思われる。しかし、mV/mN 以下の感度で十分な場合（−6 より右側）は、歪みゲージの方が利用しやすくなる。

　図 7.15 のもう 1 つの見方を紹介すると、歪みゲージで一定の感度（例えば −3）を選択したとき、その線に沿って感度を一定にして板ばねの長さを短くする。そのときの変位計の感度を見ると、−1 から−2 の線を横切って感度は低下する。変位計による感度は、ばね定数に反比例し、固有振動数はばね定数の増加に伴い高くなるので、変位計の感度が低くなることは、固有振動数が高くなることを意味する。つまり、板ばねの歪みを検出する場合、板ばねの厚さを薄くすると同時に長さを短くすると、感度を一定に保ったまま固有振動数を増加させることができる。

（4）平行板ばねの利用

　図 7.16 のように、2 枚の板ばねを平行に配置して、その間にブロックを挟んだような構造は、「平行板ばね」と呼ばれている。論文や学会発表などに紹介されている装置を見ても、平行板ばね構造が使われていることが多い。筆者が摩擦試験装置を設計するときにも、平行板ばねを利用することが多い。平行板ばねの長所として、荷重を変化させたときに先端部分が傾かずにほぼ平行に変位することが挙げられる。それゆえ、試験片が広い面積で接触する場合に、垂直荷重を変化させても試験片の傾きを抑えて、試験片の接触点の位置や接触面積を一定に維持したまま測定が行える利点がある。

　図(a)のように、平行板ばねの先端に力 F が作用したときのせん断力による変位 δ_{PL}、曲げモーメントによる先端の傾き角 α_{PL} はそれぞれ、

$$\delta_{\mathrm{PL}} = Fl_{\mathrm{C}}^3 / 8Ewt_{\mathrm{C}}^3 \tag{7.14}$$

$$\alpha_{\mathrm{PL}} = Fl_{\mathrm{C}}^2 / Ewt_{\mathrm{C}} h^2 \tag{7.15}$$

で与えられる。これらを板ばねが 1 枚のときの変位 δ_{C}〔(7.2) 式〕、傾き角

第7章 微小な摩擦力を測る技術

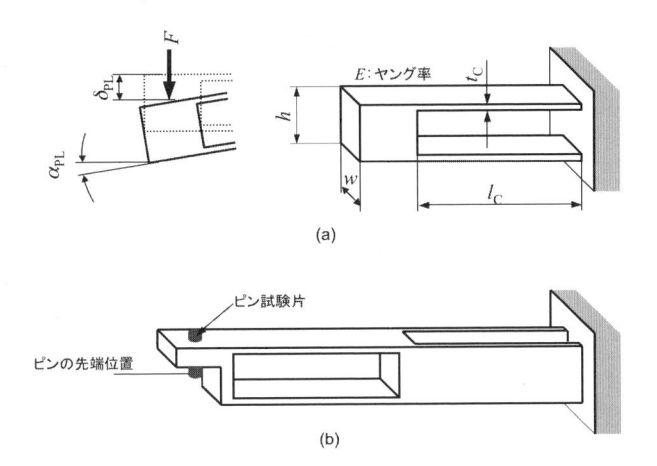

図7.16 2種類の平行板ばねの構造。(a) 板ばねを平行に2枚組み合わせることで、荷重を加えたり引離し力を測定するとき、先端ブロックの傾きが小さくなる。(b) 直交方向に2つの平行板ばねを組み合わせると摩擦力も測定することが可能になり、さらに、ピンの先端位置を板ばねの中心線に合わせれば、摩擦時のねじれを抑えることができる。

度 α_c〔(7.4) 式〕と比較してみると、平行板ばね構造にすることで、先端変位に対する角度の変化は約 $(t_c/h)^2$ 倍になり、かなり小さくなる。マイクロトライボロジーの実験では、板ばねを極端に大きく変形させて測定することは少ないが、接触面の片側が 3 nm 持ち上がっただけで、凝着力が変化することもある。平行板ばねを用いることで、垂直荷重を変化させたときにも、接触面に作用する凝着力が一定に保たれて実験が行いやすくなる。

図(b)のように、2組の平行板ばねを組み合わせれば、垂直荷重に加えて摩擦力も測定できる。このような構造にすることの利点の1つは、高分解能の変位センサを用いて、摩擦力が加わったときの板ばねの変形を測定しやすいことが上げられる。また、板ばねの先端のブロック部分にピンを取りつけやすく、ピンの先端の位置を平行板ばねの中心線付近に配置することで、摩擦力が加わったときにも、ねじり変形を抑えてピン上の接触点の位置を一定にすることができるようになる。

(5) 板ばねの校正とばね定数の線形性

　板ばねを用いて、その変位から摩擦力や押しつけ荷重などを求めるとき、荷重と変位の間に線形関係が成り立つ必要がある。例えば、(7.1)、(7.2)、(7.4) 式では、板ばねを支持している部分を剛体として計算しており、この部分が弾性変形すると板ばねのばね定数が変化する。しかし、支持部が弾性体であれば微小変形領域での変位は荷重に比例するので、特に小さな力に対しては測定系のばねの線形性は保たれていると考えてよい。

　ところで、板ばねを支持する面に微小な突起があり、これが弾性（ヘルツ）接触している場合には、この部分の変位と荷重の関係が直線的にならず、板ばねの線形性が損なわれることが懸念される。しかし、微小突起部分の弾性変形による非線形項は、板ばねの弾性変形に比較すれば小さく、板ばねを押さえつける力が測定荷重よりも十分に大きければ、これに関しても問題になることはない。

　板ばねに加えられる力とセンサ出力の関係を校正するときに、測定と同程度の力を加えて校正することが原則ではあるが、荷重が低い場合には難しい。そこで、マイクロニュートンオーダー以下の力を測定する場合でも、実際にはミリニュートンオーダーの力を加えて力とセンサの出力の関係を校正し、それから内挿することが行われる。その場合、板ばねの特性の線形性が維持されるかどうかが問題となるが、板ばねが極端に大きな変形をしたり、板ばねの支持部の固定が弱かったりすることがなければ、上述したような観点から、測定荷重よりも大きな力を加えて校正しても問題はないと考えられる。

　ばね定数を固有振動数などから間接的に算出することも可能である。しかし、正確に固有振動数を測定するのは、大気中では空気のダンピングがあるためにやや難しく、固有振動数がわかってもそれから正確にばね定数を求めるためには、有限要素法が必要になることもある。さらに、センサの変位-出力特性を考慮して、力とセンサ出力の関係を求める必要があるために、それも誤差の要因を含む。したがって、既知の外力を加えることが難しい場合を除いて、力とセンサ出力の関係を校正するために、固有振動数を利用する機会は少ないと思われる。

(6) 振動の絶縁

　大きな地震が起これば、誰でも建物や床が揺れていることに気がつくが、それよりもずっと小さく、人が全く感じない揺れがある。人が歩いたり、建物の付近を車が通ったりすることでも、床が振動する。他にも建物の中に設置してあるエアコンプレッサーなどの機械の振動が伝わってくることもある。このような振動をふだん意識することはないが、弱い力を測定するためにばねの微小変位を検出しようとすると、床から伝わってくる振動がとても大きいことを実感するだろう。

　そこで、床の振動を測定装置に伝えないようにするため、振動の絶縁（除振）が行われる。図7.17、7.18に、それぞれ振動絶縁の考え方と、除振台を用いたときの振動絶縁方法の具体例を図解している。一般的な方法としては、振動が伝わる経路に凸凹のついた防振ゴムを挟んだり、空気ばねを用いたりして振動を減衰させる。ゴムの場合も空気ばねの場合も、ばねで重量を支えるので、除振機構は全体として固有振動数をもつことになる。このとき、除振機構の固有振動数付近の周波数に対しては、振動を増幅してしまうこともあるし、固有振動数以下の周波数の振動に対しては、除振効果を期待できな

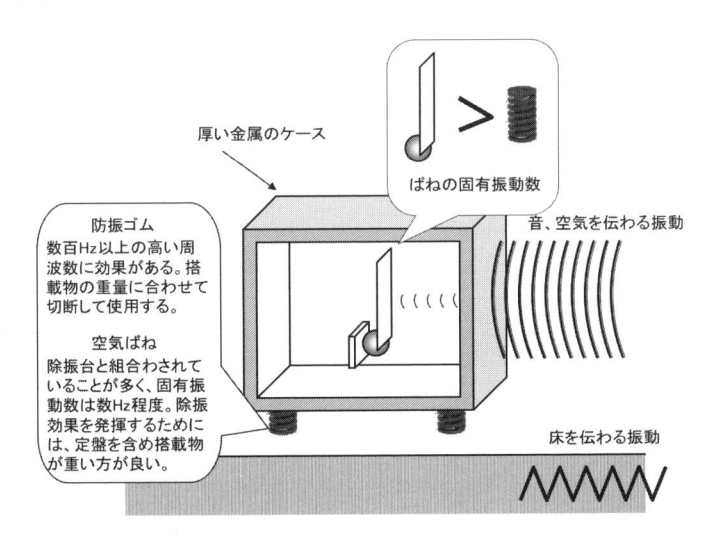

図7.17 感度の高い力の測定を行うためには、床と空気から伝わる振動を遮断する必要がある。

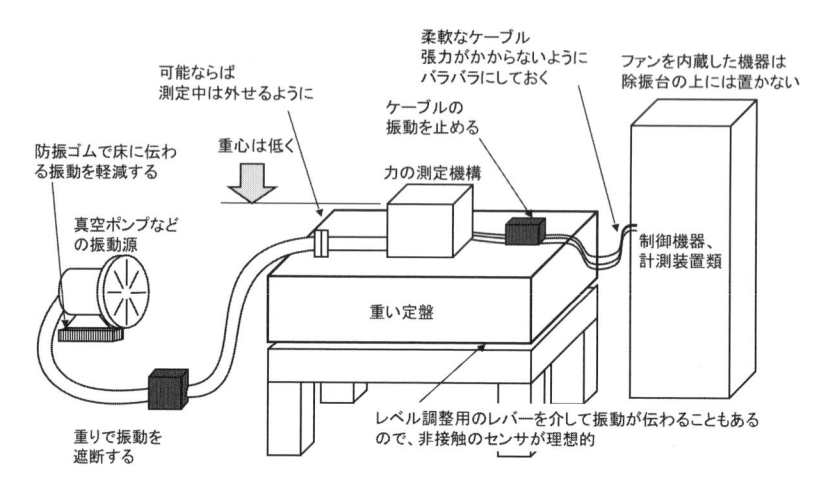

図 7.18 測定中の振動を低く抑えるためには、機器の配置、ケーブルやパイプの選定など細かな点に注意が必要である。

い。したがって、力を測定する板ばねの固有振動数は、除振機構のばね系の固有振動数よりもできるだけ高く設定することが望ましい。ゴムによる除振と空気ばねによる除振を比較すると、一般的に固有振動数は空気ばねの方が低いために、特に数十kHzの振動に対しては空気ばねの方が高い除振効果が期待できる。また、音によっても振動は伝わってしまうので、力を検出する板ばねやセンサは剛性の高いケースに入れて、音による振動が直接伝わらないようにすることも必要になる。

　除振効果を考える上では、ゴムや空気ばねの上の搭載物の質量も重要である。除振機構の固有振動数が同じであっても、搭載物が重い方が除振には有利であり、空気ばね式の除振台の場合は、石製のテーブルの方が鉄製やアルミ製のテーブルよりも除振効果が高いといわれている。この定性的な説明としては、ばね系を支えている床が振動したときに搭載物に力が伝わるが、このとき運動方程式を考えると、搭載物の重量が大きければ、搭載物の加速度が小さくなることで理解できる。また、搭載物を支えるばね系の固有振動数を低くするためにも、定格重量の範囲内で、搭載物をできるだけ重くした方がよい。防振用ゴムを使用する場合には、その逆に、搭載物の重量に合わせ、

第7章 微小な摩擦力を測る技術　　*195*

切断してサイズを調整してもよい。

　信号配線用のケーブルを介して伝わる振動も無視することはできない。当然のことながら、固いケーブルほど振動が伝わりやすいので、柔らかいケーブルが好ましい。計測器の冷却ファンなどの振動がケーブルに直接伝わるようなときには、ケーブルをいったん振動のない筐体に固定するとか、重量のある除振台のテーブルに押さえつけてから、センサにつなぐような工夫も必要になってくる。

(7) 失敗に学ぶ高感度計測の鍵

　筆者はこれまでにいくつもの摩擦試験装置を試作してきたが、最初から狙いどおりの測定ができたことの方が少ない。ここでは、筆者自身が経験した装置開発の失敗や問題点の解決方法を紹介してみたい。

① mN 以下の摩擦力を測定することを目的とした装置で、測定摩擦の駆動機構に速度制御ができる AC モータを用いたことがある。しかし、モータの振動が力の検出系に直接伝わるような構造になっていたため、振動によるノイズが大きく、目標としていた力の分解能が得られなかった。モータの振動が、どの程度のノイズとなって摩擦力に影響するかについては、装置を作ってからでないとわからないことが多い。そこで、その失敗以降、マイクロニュートンオーダーの力分解能を目指すときは、駆動系には振動を発生しない PZT アクチュエータか、ボイスコイルを利用したステージを主に使うようになった。

② センサ出力の温度特性にも注意が必要である。その当時、昼間しか空調が働かない部屋で測定を行っていたのだが、冬場で夕方に暖房が切れて室温が急激に低下したときに、センサの出力が温度で変化していることに気がついた。非接触のセンサを選ぶときは、ターゲットの種類とターゲットまでの距離（working distance）、感度、周波数特性、ノイズ、出力の直線性などには目がいきやすいが、温度特性については気がつかないことが多い。温度が不安定な環境で測定を行うときや、摩擦面の温度を変化させる実験を行うときなどには、温度特性にも注意を払う必要がある。

③　板ばねで支えられた試験片がジャンプインする距離からファンデルワールス力を求めようとしたとき、振動や音を絶縁するために、測定装置を金属製の箱の中に設置した。そのとき、粗動機構として、ステッピングモータ駆動の位置決めテーブルを用いていた。ところが、位置決めテーブルを金属製の箱の中に設置していたため、おそらくステッピングモータから発生する熱によって、対流が発生し、ばねが微妙に揺れ続けたことがあった（ステッピングモータへの配線を外すようにしたところ揺れが収まった）。

④　③の測定のときには、被測定物との対向面積が広いセンサ（直径約 7 mm）を用いていた。また別の機会に同じような測定を行ったときに、今度は対向面積の小さなセンサ（直径約 1 mm）を用いたところ、ばねの振動の様子が全く異なっていることに気がついた。前者のセンサの場合には空気のスクイーズ効果によって大きなダンピングが作用していたために、振動が急激に減衰したのに対し、後者ではそれがなかったために、振動の減衰率が明らかに小さくなっていた。大気中の測定であれば、小さな力の測定を行いやすくするために、空気のスクイーズ効果やダンピングを積極的に利用することを検討してもよいだろう。

⑤　垂直荷重をできるだけ小さく設定して摩擦力を測定したいときがあった。そのために垂直荷重の測定感度を高めたのだが、摩擦力の測定感度が垂直荷重に比べて低かったため、低い摩擦力を測定することができず、結局高い垂直荷重を与えなければならなかった。このケースは設計段階の検討で、防げたはずのミスである。ところで、摩擦力と垂直荷重の測定感度を決めるときに、それぞれが同程度になるように設計してしまうことが多いのではないだろうか。しかし、実際の実験では摩擦係数は 1 よりも低いことが多く、超低摩擦の実験では 0.01 よりも低い摩擦係数を測定する必要がある。そのような場合に、摩擦力と垂直荷重の測定感度を同じに設定すると、垂直力の設定範囲が狭まってしまう。したがって、測定したい摩擦係数も考慮した上で、それぞれの測定感度を設定する必要がある。

このような問題は、実際に測定装置を作って、初めてわかることもある。

特に板ばねの設計は難しく、後から取り替えたことが何度かある。また、設計段階での見落としのために、改造が必要になることもある。したがって、装置を設計する際には、後から変更や改造が行いやすくなるような配慮をすることが重要である。

参 考 文 献

第1章

(1) 安藤泰久, マイクロ荷重下のトライボロジー, トライボロジスト, **46** (2001) p.463〜468.

(2) 森誠之, 三宅正二郎監修, トライボロジーの最新技術と応用, シーエムシー出版 (2007) 第Ⅲ編 第7章.

(3) L-S. Fan, Y-C. Tai and R.S. Muller, IC-processed electrostatic micromotors, Sens. Actuator., **20** (1989) p.41〜47.

第2章

(1) 曾田範宗, 摩擦の話, 岩波新書 (1971)

(2) D. Tabor, Friction: The present state of our understanding, J. Lubrication Technol. -T ASME, **103** (1981) p.169〜179.

(3) D. Dowson,「トライボロジーの歴史」編集委員会訳, トライボロジーの歴史, 工業調査会 (1997) 第7章.

(4) K.L. Johnson, K. Kendall and A.D. Roberts, Surface energy and the contact of elastic solid, Proc. Roy. Soc. Lond. A, **324** (1971) p.301〜313.

(5) 安藤泰久, 小川博文, 石川雄一, 北原時雄, 微小接触面の摩擦特性-摩擦係数の垂直荷重依存性-, トライボロジスト, **38** (1993) p.837〜843.

(6) 安藤泰久, 石川雄一, 北原時雄, 微小接触面の摩擦と凝着力-凝着力が摩擦力に及ぼす影響-, トライボロジスト, **39** (1994) p.814〜820.

(7) 安藤泰久, 石川雄一, 北原時雄, 正から負の垂直荷重での摩擦力の測定-接触状態の違いが凝着力に与える影響-, トライボロジスト, **41** (1996) p.663〜670.

(8) Y. Ando and J. Ino, Friction and pull-off forces on submicron-size asperities, Wear, **216** (1998) p.115〜122.

(9) 安藤泰久, 田中敏幸, 伊能二郎, 角田和雄, ナノメートルスケールの表面形状と摩擦力・引き離し力の関係, 機械学会論文集C編, **65** (1999) p.3784〜3791.

第3章

(1) K. Miyoshi, Considerations in vacuum tribology (adhesion, friction, wear, and solid lubrication in vacuum), Tribol. Int., **32** (1999) p.605〜616.

(2) 新井宏之, よくわかる電磁気学, オーム社 (1994) 3章.

(3) J.N. イスラエルアチヴィリ, 近藤保／大島広行訳, 分子間力と表面力, マグロウヒル出版 (1991) 第11章, 第14章.

(4) C-J. Kim, J.Y. Kim and B. Sridharan, Comparative evaluation of drying techniques for surface micromachining, Sens. Actuator A-Phys., **64** (1998) p.17〜26.

(5) Y. Ando, The effect of relative humidity on friction and pull-off forces measured on submicron-size asperity arrays, Wear, **238** (2000) p.12〜19.

(6) Y. Ando, Tribological properties of asperity arrays coated with self-assembled monolayers, Tribol. Lett., **27** (2007) p.13〜20.

(7) 安藤泰久, 原子間力顕微鏡を用いた摩耗試験−接触面積と引き離し力の関係−, トライボロジスト, **45** (2000) p.406〜413.

(8) Y. Ando, Effect of capillary formation on friction and pull-off forces measured on submicron-size asperities, Tribol. Lett., **19** (2005) p.29〜36.

(9) Y. Ando, Effect of contact geometry on the pull-off force evaluated under high-vacuum and humid atmospheric conditions, Langmuir, **24** (2008) p.1418〜1424.

(10) 実用真空技術総覧編集委員会編, 実用真空技術総覧, 産業技術サービスセンター (1990) 第I部 第1編 第2章.

(11) 近藤精一, 石川達雄, 阿部郁夫, 吸着の科学, 丸善 (1991) 第3-2節.

(12) V.M. Gun'ko, V.I. Zarko, B.A. Chuikov, V.V. Dudnik, Y.G. Ptushinskii, E.F. Voronin, E.M. Pakhlov and A.A. Chuiko, Temperature-programmed desorption of water from fumed silica, titania, silica/titania, and silica/alumina, Int. J. Mass Spectrom. **172** (1998) p.161〜179.

第4章

(1) 日本トライボロジー学会編, トライボロジーハンドブック, 養賢堂 (2001) A編 第1章.

(2) G.A. Tomlinson, A Molecular Theory of Friction, Phios. Mag., **7** (1929)

p.905〜939.
(3) M. Hirano, K. Shinjo, R. Kaneko and Y. Murata, Anisotropy of Frictional forces in muscovite mica, Phys. Rev. Lett., **67** (1991) p.2642〜2645.
(4) J.M. Martin, C. Donnet and T.L. Mogne, Superlubricity of Molybdenum-Disulphide, Phys. Rev. B, **48** (1993) p.10583〜10586.
(5) Y. Ando, Decrease in friction coefficient under extremely low load, Elastohydrodynamics '96: Fundamentals and applications in lubrication and traction (Leeds-Lyon23) (1997) p.533〜540.
(6) Y. Ando, Friction and pull-off forces on submicron-size asperities measured in high-vacuum and in both dry and humid nitrogen at atmospheric pressure, Jpn. J. Appl. Phys. Part 1, **43** (2004) p.4506〜4510.
(7) Y. Ando, Lowering friction coefficient under low loads by minimizing effects of adhesion force and viscous resistance, Wear, **254** (2003) p.965〜973.
(8) 安藤泰久, 高橋秀享, 平塚健, 異種金属間の摩擦係数を支配する因子の実験的検討, トライボロジスト, **52** (2007) p.801〜808.
(9) 阿部秀夫, 金属結晶学, コロナ社 (1967) p.159.
(10) M.B. Peterson and W.O. Winer Ed., Wear Control Handbook, ASME (1980) p.475〜506.
(11) E. Rabinowicz, The determination of the compatibility of metals through static friction tests, Tribol. Trans., **14** (1971) p.198〜205.
(12) C.L. Goodzeit, R.P. Hunnicut and A.E. Roach, Frictional characteristics and surface damage of thirty-nine different elemental metals in sliding contact with iron, Trans. ASME, **78** (1956) p.1669〜1676.

第5章

(1) G. Timp, 廣瀬千秋訳, Nanotechnology, エヌ・ティー・エス (2002) 第8章.
(2) 森誠之, 三宅正二郎監修, トライボロジーの最新技術と応用, シーエムシー出版 (2007) 第Ⅱ編 第2章, 第4章.
(3) X. Xiao, J. Hu, D.H. Charych and M. Salmeron, Chain length dependence of the frictional properties of alkylsilane molecules self-assembled on mica studied by atomic force microscopy, Langmuir, **12** (1996) p.235〜237.

(4) E. Barrena, S. Kopta, D.F. Ogletree, D.H. Charych and M. Salmeron, Relationship between friction and molecular structure: alkylsilane lubricant films under pressure, Phys. Rev. Lett., **82** (1999) p.2880〜2883.

(5) 猪狩隆, 小山田典弘, 七尾英孝, 森誠之, 分子状薄膜の構造とマイクロトライボロジー特性の関係, トライボロジスト, **45** (2000) p.414〜670.

(6) J.V. Alsten and S. Granick, Friction measured with a surface forces apparatus, Tribol. Trans., **32** (1989) p.246〜250.

(7) S. Granick, Motions and relaxations of confined liquids, Science, **253** (1991) p.1374〜1379.

(8) T. Li, J. Gao, R. Szoszkiewicz, U. Landman and E. Riedo, Structured and viscous water in subnanometer gaps, Phys. Rev. B, **75** (2007) 115415.

(9) J. Kleina and E. Kumacheva, Simple liquids confined to molecularly thin layers. I. Confinement-induced liquid-to-solid phase transitions, J. Chem. Phys., **108** (1998) p.6996〜7009.

(10) J. N. イスラエルアチヴィリ, 近藤保／大島広行訳, 分子間力と表面力, マグロウヒル出版 (1991) 第13章.

(11) H. Washizu, S. Sanda, S. Hyodo, T. Ohmori, N. Nishino and A. Suzuki, Molecular simulations for automotive tribology, Abstracts of 2008 MRS spring meeting (2008) No. T4.8.

(12) S. Fujisawa, Analysis of experimental load dependence of two-dimensional atomic-scale friction, Phys. Rev. B, **58** (1998) p.4909〜4916.

(13) S. Morita, S. Fujisawa and Y. Sugawara, Spatially quantized friction with a lattice periodicity, Surf. Sci. Rep., **23** (1996) p.1〜41.

(14) 佐々木成朗, 塚田捷, 摩擦力顕微鏡に現れるマイクロトライボロジー機構, 表面科学, **19** (1998) p.360〜367.

(15) 相沢慎一, べん毛モータの軸受, トライボロジスト, **33** (1987) p.531〜532.

(16) G. Biresaw and K.L. Mittal ed., Surfactants in Tribology, CRC Press (2008) p.223〜246.

(17) 辻井敬宣, 濃厚ポリマーブラシとトライボロジー, 繊維と工業, **64** (2008) p.144〜146.

第6章

(1) B. Bhudhan, Micro/nanotribology using atomic force/friction force microscopy: state of art, I.M. Hutchings ed., New directions in tribology, London (1997) p.141～158.

(2) 安藤泰久, 原子間力顕微鏡を用いた摩耗試験-接触面積と引き離し力の関係-, トライボロジスト, **45** (2000) p.406～413.

(3) Y. Ando, Wear tests and pull-off force measurements of single asperities by using parallel leaf springs installed on an atomic force microscope, J. Tribol.-Trans. ASME, **122** (2000) p.639～645.

(4) Y. Ando, T. Nagashima and K. Kakuta, Using FIB-processed AFM cantilevers to determine microtribology characteristics, Tribol. Lett., **9** (2000) p.15～23.

(5) Y. Ando, Relation between friction and plastic deformation examined by using periodic asperity arrays fabricated on an AFM multipurpose cantilever, Tribol. Lett., **15** (2000) p.115～125.

(6) K. Hokkirigawa and K. Kato, An experimental and theoretical investigation of ploughing, cutting and wedge formation during abrasive wear, Tribol. Int., **21** (1998) p.51～57.

(7) 日本トライボロジー学会編, トライボロジーハンドブック, 養賢堂 (2001) A編 第1章

(8) K. Kato, Wear Mechanisms, I.M. Hutchings ed., New directions in tribology, London (1996) p.39～56.

(9) 安藤泰久, 摩耗の凝着説は正しい科学的記述か, トライボロジスト, **51** (2006) p.788～793.

(10) 日本トライボロジー学会編, 改訂版潤滑ハンドブック, 養賢堂 (1987) 第3編.

(11) T. Kizuka, S. Umehara and S. Fujisawa, Metal-insulator transition in stable one-dimensional arrangements of single gold atoms, Jpn. J. Appl. Phys. Part 2, **40** (2000) p.L71～L74.

第7章

(1) 萩原芳彦編著, 三澤章博・鈴木秀人共著, よくわかる材料力学, オーム社

(1996).

(2) K.E. Petersen, Silicon as a mechanical material, Proc. IEEE, **70** (1982) p.420〜457.

(3) D.F. Ogletree, R.W. Carpick and M. Salmeron, Calibration of frictional forces in atomic force microscopy, Rev. of Sci. Instrum., **67** (1996) p.3298〜3306.

(4) D. Tabor and R.H.S. Winterton, The direct measurement of normal and retarded van der Waals forces, Proceedings of the Royal Society of London A, **312** (1969) p.435〜450.

(5) J.N. Israelachvili and D. Tabor, measurement of van der Waals dispersion forces in the range of 1.5 nm to 130 nm, Proc. Roy. Soc. Lond. A, **331** (1972) p.19〜38.

(6) M.G. Lim, J.C. Chang, D.P. Schultz, R.T. Howe and R.M. White, Polysilicon microstructures to characterize static friction, Proc. IEEE Micro Electro Mechanical Systems (1990) p.82〜88.

(7) R. Prasad, N. MacDonald and D. Taylor, Micro-instrumentation for tribological measurements, Tech. Digest, 8th Int. Conf. Solid-State Sensors and Actuators, Vol.2 (1995) p.52.

(8) T. Zijlstra, J.A. Heimberg, E. van der Drift, D. Glastra van Loon and M. Dienwiebel, L.E.M. de Groot, J.W.M. Frenken, Fabrication of a novel scanning probe device for quantitative nanotribology, Sens. Actuator A-Phys., **84** (2000) p.18〜24.

(9) 白石直規, 安藤泰久, トンネル電流を利用したマイクロ水平力センサの開発, 機械学会論文集C編, **72** (1999) p.975〜982.

(10) Y. Ando and N. Shiraishi, Development of a microlateral force sensor and its evaluation using lateral force microscopy, Rev. of Sci. Instrum., **78** (2007) p.33701〜33708.

(11) 有山正孝, 振動・波動, 裳華房 (1988) p.24, 149.

おわりに－マイクロトライボロジーの今後－

　摩擦面で起きている現象が複雑であることは、今さらいうまでもないが、摩擦現象に関する知見が積み重なっていくほど、考慮しなければならない要因が多くなってきている。材料だけを取り上げてみても、弾性変形、塑性変形、降伏、疲労、破壊などの影響が考慮されている。化学反応にも着目すれば、表面の酸化膜や吸着層、周囲の液体や気体の分子との反応、熱による活性化に加え、最近では、せん断場や、摩擦によって発生する電荷や光などが化学反応に与える影響が考慮されるようになってきている。流体潤滑は比較的早く体系化された分野ではあるが、それでも高圧粘度や材料の弾性変形の影響が考慮されるようになったのは比較的最近で、第5章で紹介したように、液体膜が薄くなるとバルクとは全く異なる性質を示すことも知られるようになった。

　トライボロジーは複雑な現象を本来取り扱っているにも関わらず、実際に行われている研究を俯瞰すると、特定の要因だけを取り上げて、その他の要因を無視していることが少なくない。マイクロトライボロジーに関する研究だけを取り上げてみても、状況は似ている。そのような立場で研究を進めていったとすると、考慮していなかったパラメータの影響が無視できず、理論を大きく修正しなければならなくなったり、最悪の場合は理論が根底から崩れたりすることもある。したがって、理論を構築するときには、関連したパラメータをできるだけ多く考慮することが理想であり、そのようにできれば、理論の信頼性や有用性が高まることは確かである。

　しかし、実際には一人の研究者が、あるいはそれがチームであっても、摩擦現象に関して十分に多角的な検討を行うことには限界があるし、完璧な理論を提案することは難しい。トライボロジーは、何十年、何百年かけて完成に近づいていく分野である。その中で、マイクロトライボロジーには、現状の知識を組み合わせて理論を完結させることよりも、トライボロジーの発

展を促す新しい発見や提案が求められている。予想外の現象が発見されたり、提案された理論が魅力的であったりすれば、それらが注目を集めることになり、関連する研究は活性化していく。注目を集めた現象について、多角的な検討が不足していたために、当初の解釈が間違っていたとしても、そのことが発見された現象の魅力自体を大きく損なうことはないだろうし、かえって研究の発展を促すかもしれない。

　筆者自身が研究を進めていくときにも、自分にとって魅力的と思われる仮説の構築と挫折を繰り返しながら実験を行っている。挫折というのは、予想したとおりの実験結果が得られないという意味であるが、実際のところ、予想どおりの結果が得られる方が少ない。何年か前に、国家プロジェクトの評価を担当する部署を併任したことがある。そこで行われていた追跡調査で、プロジェクトで苦労した経験が、後に重要な発明に結びついたというコメントがあった。自身の研究がうまくいかないときは、その話を思い出し、挫折することも無駄ではないと考えるようにしている。

　トライボロジーは、紆余曲折を強いられることが多い学問ではないかと思う。それは、冒頭にも述べたように、関連するパラメータが多く、泥沼のように複雑で見通しを立てにくいからである。しかし、裏を返せば、トライボロジーは発展途上にあるといえる。その中にあって、マイクロトライボロジーは、トライボロジー研究を今後も力強く牽引していくことだろう。これから何年か経って、再びマイクロトライボロジーの本がまとめられるとしたら、本書には取り上げていない新しい知見が溢れているかもしれない。読者と一緒になって、筆者もその知見を提供できるように、研究を発展させていきたい。

事項索引

AFM *11,12,135,169*
AFM用カンチレバー *178*

DLC *84*

FFM *11,13,170,172*
FIB *42,139*

Hamaker定数 *53*

JKR理論 *25,38*

LB膜 *112*
LFM *170,172*

MEMS *14,54,181*
MFM *11*

OMCTS *122*

SAM *67,112*
SFA *122,180*
SNOM *11*
SPM *11*
STM *11*

あ　行

アブレッシブ摩耗 *138,151,158,159*
アモント・クーロンの摩擦法則 *31,33*

板ばね *27,167,187*
板ばねの角度変化 *169*
板ばねの先端変位 *167*
インコメンシュレート *85*

ウェッジ形成型摩耗 *152*

液架橋 *56,76,79*
エロージョン *138*

か　行

化学結合力 *49,77*
化学的な結合力 *49*
片持ち梁 *15,54*
カットオフ距離 *54*
観察走査 *135*
乾燥摩擦 *83*
カンチレバー *15,55,69,139,179*

犠牲層エッチング *15*
境界潤滑 *83*
凝着エネルギー *39*
凝着摩耗 *138,147,159*
凝着力 *16,24,26,29,31,35,41,45,52,73*
食い込み度 *151*
クーロンの摩擦法則 *119*

傾斜法 *165*
結晶構造 *104*

208　事項索引

ゲル　132
ケルビンの式　60
ケルビン半径　60
原子間力顕微鏡　11,12,169
原子半径　103
検出感度　168

格子定数　104
校正（方法）　176
固体潤滑剤　84
コメンシュレート　85
固有振動数　187
コンタクトモード　11,129

さ　行

磁気ディスク　9
自己組織化膜　67,112
実効荷重　91,92,155
ジャンプイン法　180
周期的突起配列　62,153
集束イオンビーム　42
真空　97
真空ポンプ　97
真実接触面積　36,41
振動の絶縁　193

垂直荷重　30,31,33
水平力　125
ステアリン酸　112
スティクション　16,54
ストライベック線図　92,119

静止摩擦係数　106
静電気力　50
静電モータ　14

斥力　162
切削加工　146
切削型摩耗　152
接触円の半径　38
接触面積　8,24,40
接線力　171
先端変位　168

相互溶解度　102
走査型プローブ顕微鏡　11
相対湿度　94

た　行

ダイヤモンドライクカーボン　84
タッピングモード　11,129
縦振動モード　130
弾性エネルギー　39

超潤滑　85
超低摩擦　87

デザギュリエの実験　23,71

動摩擦係数　106
動摩擦力　166
トムリンソンモデル　86
トライボロジー　18,110

な　行

ナノ隙間　120
ナノトライボロジー　18,111

2次元量子摩擦　125,182
ニュートン流体　120

事項索引

二硫化モリブデン　84
任意形状の加工　144

粘性抵抗　8,92,96

ノンコンタクトモード　11,129

は　行

引離し力　40,41,45,62
微小荷重下の摩擦　47,91
歪み　168
歪みゲージ　188
非接触式変位計　189
引っ張り力　56
比摩耗量　157
表面粗さ　21,29,110
表面エネルギー　52
表面間力測定装置　122,180
表面損傷　138
表面張力　51,52,56,59

ファンデルワールスエネルギー　66
ファンデルワールス力　53,66,180
腐食摩耗　138
フレッチング　138

平滑加工　142
平均自由行程　79
平行板ばね　190
ベクタースキャン　142
べん毛モータ　131

掘り起こし型摩耗　152
ポリマーブラシ　133

ま　行

マイカへき開面　87,118
マイクロカンチレバー　140,154
マイクロ水平力センサ　183
マイクロトライボロジー　16
マイクロマシン　15,181
摩擦係数　2,5,7,32,83,88,101,105,156
摩擦係数の速度依存性　92
摩擦試験　195
摩擦の凹凸説　21
摩擦の凝着説　21,31,49
摩擦法則　31,47
摩擦力　21,29,31,33,35
摩耗　146
摩耗係数　157
摩耗形態　138
摩耗形態図　152
摩耗試験　135
摩耗走査　135
摩耗量　149

見かけの接触面積　41
見かけのヘルツ荷重　40
水の接触角　67

無次元せん断強度　151

メニスカス　56,60
面走査　135,142,144

や　行

油性剤分子　111

弱い凝着力　*27,72*
横振動モード　*130*

ら　行

ラスタースキャン　*142*

ラプラス圧力　*56,57,60,75*

流体潤滑　*83,119*

ロードセル　*166*

安藤泰久

1987年東京工業大学総合理工学研究科修士課程修了。同年日本電気（株）入社、1989年退社後、通商産業省工業技術院機械技術研究所入所、2001年組織改編により、産業技術総合研究所に所属。2003年から同研究所機械システム研究部門（その後先進製造プロセス研究部門に改編）トライボロジー研究グループ長。2010年に同研究所を退職後、東京農工大学大学院工学研究院先端機械システム部門教授、現在に至る。
1997年東京工業大学より学位（博士（工学））授与。1999～2008年筑波大学連携大学院機能工学系助（准）教授。2006、2008、2012年度日本機械学会賞（論文）、2007年度日本機械学会船井賞。

マイクロトライボロジー入門

2009年6月9日　　初　　版
2014年5月25日　　第2刷

著　者……………安　藤　泰　久
発行者……………米　田　忠　史
発行所……………米　田　出　版
　　　　　　〒272-0103　千葉県市川市本行徳31-5
　　　　　　電話　047-356-8594
発売所……………産業図書株式会社
　　　　　　〒102-0072　東京都千代田区飯田橋2-11-3
　　　　　　電話　03-3261-7821

© Yasuhisa Ando 2009　　　　　　　　中央印刷・山崎製本所

ISBN978-4-946553-40-0　C3053